JN144099

チョコレートの手引

蕪木祐介

雷鳥社

とあるギャラリー店主との会話の中で、「チョコレートって、『毒』ですよねぇ。」と、お言葉をいただいたことがありました。もちろんいい意味で頂戴したのですが、いわれてみれば確かにその通りかもしれません。人々を魅了し、惑わせ、時には活力を、またある時には安堵感を感じさせてくれる魅惑の嗜好品。一週間もチョコレートを口にしなければ、カカオの香りを欲してしまうのは私に限ったことではないでしょう。

人の世の愉しみを感じさせてくれる美味なチョコレート。その味が恋しくなれば食料品店で購入できますし、百貨店では煌びやかな大理石のショーケースに鎮座するチョコレートを見ることができます。ただ、そこまで人々の生活に身近な存在となっているチョコレートが、何から、そしてどのようにできているのかを知っている方は少ないのではないでしょうか。

チョコレートは知れば知るほど奥深くなる嗜好品です。チョコレートができるまでをたどると、熱帯の果実カカオがあり、農民の手仕事があり、そして職人たちの技術と多大な努力があります。また、カカオの品種や産地の違いから、発酵、焙煎、精錬などによる味づくりまで、一つ一つの作業にそれぞれの意味があり、その組み合わせにより、チョコレートの風味は多様に変化します。さらに、歴史を紐解いてみれば、カカオは紀元前から人との関わりを持ち、現在でこそ洋菓子としての印象が強いですが、もともとは我々と同じモンゴロイド系の種族が口にしていた神聖な飲み物でした。

私はこれまで、チョコレートメーカーでカカオとチョコレートの研究・開発に励みながら、生産国に足を運び、カカオ生産者とチョコレートのつくり手両方の苦労と努力を目のあたりにしてまいりました。そして、その深い魅力を持つカカオとチョコレートの啓蒙のため、セミナー講師として様々な場所でお話をさせていただきました。今回、多くの方々のご協力により、書籍という形で、より広くカカオとチョコレートについて、また、その魅力をお伝えする機会をいただき、とても嬉しく思います。

本書はカカオとチョコレートについての基礎知識から一歩踏み込んだ専門知識まで、幅広く網羅した内容となっています。深く知る機会の少ないチョコレートですが、製菓、飲食の道に進んでいらっしゃるプロの方から、一般のチョコレート愛好家の方まで、様々な方に参考にしていただけるよう、できるだけ簡単な言葉で綴らせていただきました。本書が皆さんにとってのよき指南書となり、カカオとチョコレートへの興味を深めるきっかけとなれば幸いです。

チョコレートが皆さんの豊かな生活の小さな支えとなることを願って。

もくじ

コラム

4章 カカオの生産国――113

5章 チョコレートの愉しみ方――129

右上…古くから栽培されているカカオの木　左上…色とりどりのカカオポッドが収穫される　下…幹に直接たくさんのカカオポッドが実る

上…農民は皆逞しく、屈託のない笑みを見せてくれる　下…チョコレートの精錬

1章

カカオとは

普段何気なく口にしているチョコレート。
皆さんにとって身近な菓子だとは思いますが、
何から、そしてどのようにできているかご存知でしょうか。
チョコレートの原料となるのは「カカオ」の果実。
それはチョコレートの華やかな印象とは似ても似つかぬ、
野性的で神秘的な植物です。
カカオとはどのようなものなのか、
まずそこから話を進めていきましょう。

植物としてのカカオ

洗練され、品格のある味わいを持つ
チョコレートとは対照的に、
そのもとになるカカオは、
熱帯で生きる野性的な植物。
大地からの恵みを目一杯吸収し、
栄養を蓄えたカカオの木が、
我々を魅了する
豊かな味わいを生みだすのです。

テオブロマ・カカオ／出典：Flora de Filipinas

神々の食べ物、カカオ

チョコレートの原料となるのはカカオという植物の種子（タネ）です。アーモンドくらいの大きさのこの種子は「カカオ豆」とよばれています。大まかにいえば、このカカオ豆に熱をかけて焙煎し、すり潰したものがチョコレートのもとになります。

カカオというと、ガーナなどアフリカの国々を想像しがちですが、その原産は、中米のメキシコ周辺、南米北部に広がるオリノコ川、アマゾン川上流域の森林地帯と考えられています。西洋の菓子の印象が強いチョコレートですが、もともとは我々と同じモンゴロイド系の人々がこのカカオを口にしていたのです。カカオの学名[一]は『テオブロマ・カカオ（theobroma cacao）』。テオブロマとは、ギリシア語で〝神々の食べ物〟という意味で、その名のとおり、その昔カカオ豆は神々への捧げものや宗教儀式にも使用される神聖な作物でした。

[一] 生物をよぶために世界共通につけられた名称のこと。

カカオ豆中の成分
（乾燥後の胚乳部）

成分	重量(%)
脂肪	50 ～ 57
炭水化物	24 ～ 38
タンパク質	11 ～ 19
アミノ酸	0.3 ～ 0.6
カフェイン	～ 0.2
テオブロミン	1.0 ～ 1.6
ポリフェノール	～ 6.0
ミネラル	2.5 ～ 4.5
有機酸	1.4
水分	4.3 ～ 6.3

出典…佐藤清隆／古谷野哲夫＝著『カカオとチョコレートのサイエンス・ロマン』幸書房、２０１１年、27頁より一部改変

生態

カカオは熱帯で栽培されているアオイ科の植物であり、ハイビスカスやオクラの仲間です。高さが三～十ｍくらいの常緑の木で、特徴はその果実の実り方にあります。日本の果物は枝の先に実るものが多いですが、それに対してカカオは、枝だけでなく、木の幹など、至るところに実らせます[二]。この特徴は熱帯植物では珍しいことではなく、世界最大の果物といわれるジャックフルーツ[三]や、果物の王様ドリアン[四]なども同じように幹に直接実をつける植物です。このように低い場所にも実をつけることで、動物が食べやすくなり、効率的に種を拡散させ、子孫を残すことができるのです。

カカオは年間を通して、小さく可憐な花を咲かせていて、その数は一本の木に年間六千個から一万個ほど。その中のわずか一～三％の花が虫を介して受粉し、「カカオポッド」とよばれる果実を実らせるのです。

淡い色をした可愛らしい花とは対照的に、カカオポッドは初めこそ唐辛子のように小さな形をしていますが、半年かけてみるみる成長し、長さ十五～二十五㎝、直径十～十五㎝の大きな実へと成長していきます。その姿形は様々。緑のカカオポッドが成長して黄色に変わるものから、品種によっては紫色、ワイン色まで色とりどりです。形も丸みを帯びているものから、細くてごつごつしたものまであります。うっすらと日が

右…カカオの花とカカオポッド
左…カカオを割ると瑞々しい果肉が含まれている

差し込むカカオ農園の中で、木々の至るところに咲く可憐な花や、鮮やかな色のカカオポッドが実っている様子は何とも不思議で神秘的な光景です。

硬く厚みのあるカカオポッドの殻を割ると、中には乳白色の瑞々しい果肉（パルプ）と、それに包まれたカカオ豆が入っています。カカオ豆は一つのカカオポッドに約二十～五十粒含まれていて、最終的に乾燥させたカカオ豆は一粒一gほど。日本の食料品店に並ぶ一般的な板チョコレート一枚には、ビターチョコレートでは約二十五粒、ミルクチョコレートでは約十粒のカカオ豆が使用されていることになります。

さて、カカオの果肉はどのような味がするのでしょうか。どことなくチョコレートの香りを想像する方もいるかと思いますが、実際はそれとはほど遠い、トロピカルフルーツのように爽やかで甘い、とても美味しいフルーツです。農民は売ってお金になるカカオ豆を積極的に食べることはありませんが、彼らがカカオを頬張りながら作業をしている光景をたまに見かけることもあります。

この果実の甘さ、つまり糖分が最終的なチョコレートの風味に対してとても重要です。この時点でカカオ豆はチョコレートの香りはせず、噛んでみると苦渋くて美味しくありません。チョコレートの味や香りは、収穫されてからさらに人の手が加わり、少しずつ引きだされていくのです。

[二] 幹生果という。

[三] クワ科パンノキ属の常緑高木。東南アジア、南アジア、アフリカ、ブラジルなどで栽培されている。果実は大きいもので長さが一m弱にもなり、インパクトの大きいフルーツ。

[四] 東南アジアマレー半島原産のアオイ科の植物。強い臭いを放つが、種子の周りのクリーム状の果肉は濃厚でとても甘い。

右上…一年を通して無数の花が咲く　右下…同じ農園からも様々な色形のカカオポッドが収穫される　左…小さなカカオの花とカカオポッド

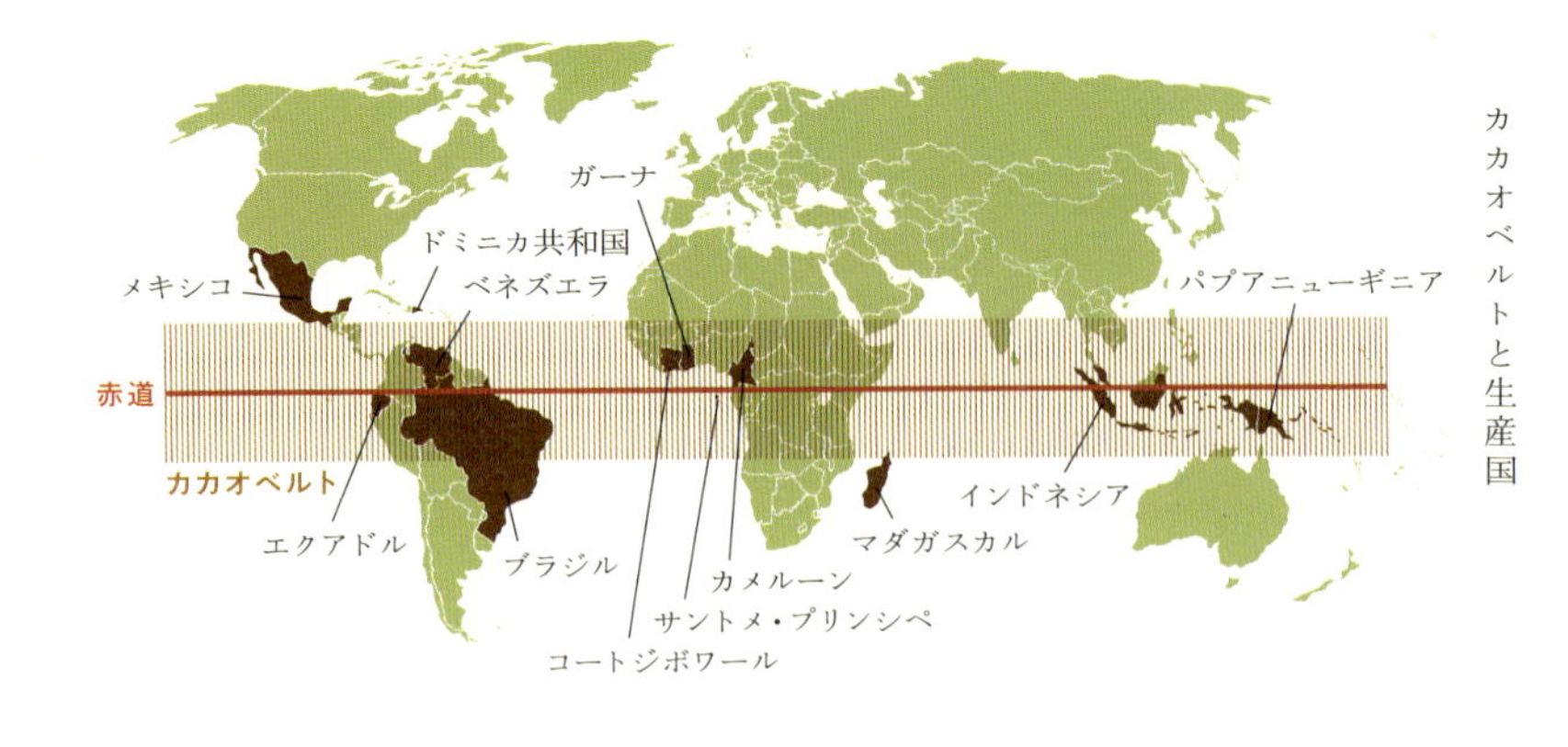

栽培地

カカオは寒さや直射日光、乾燥に弱く、とてもデリケートな植物です。平均気温二十℃以上、年間降水量千五百㎜以上の熱帯性気候、つまり、年間を通して降水量と気温が高めの、比較的湿気の多い地域で栽培されています。具体的には、赤道をはさんで南北二十度の間にある地域がその場所にあたり、カカオの栽培地が集中していることから「カカオベルト」とよばれています。その中にはカカオの起源である中南米の国々（メキシコ、コロンビア、エクアドル、ベネズエラ、ブラジルなど）やカリブ海諸国（ドミニカ共和国、トリニダード・トバゴ、ジャマイカなど）、現在では世界のカカオ豆生産量の大部分を占めているアフリカ諸国（ガーナ、コートジボワール、カメルーン、マダガスカルなど）が含まれています。我々の住むアジアでも、インドネシアやマレーシア、パプアニューギニア、ベトナムなどの国々では積極的にカカオ栽培が行われています。世界中でカカオポッドはほぼ一年中実っていますが、その中でも特に収穫量の多いシーズンが年に二回あり、「メインクロップ」と「ミッドクロップ」とよばれています。それぞれの国でその時期は異なっており、日本にも季節によって様々な国のカカオ豆が運ばれてきています。

日本でカカオを栽培できないのかという質問をよくされるのですが、カカオベルトから遠く離れている日本では、カカオを育てるのは容易で

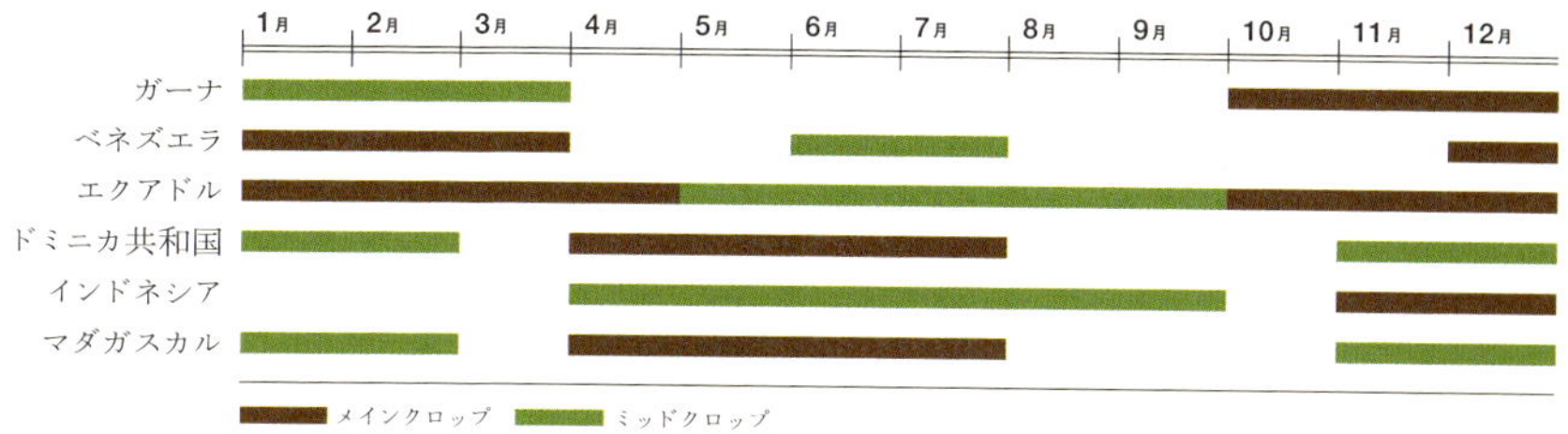

カカオ豆の収穫シーズン

1月 2月 3月 4月 5月 6月 7月 8月 9月 10月 11月 12月

ガーナ
ベネズエラ
エクアドル
ドミニカ共和国
インドネシア
マダガスカル

メインクロップ　ミッドクロップ

はありません。何度か鉢植えで栽培を試みましたが、発芽もしにくく、うまく発芽したとしても、すぐに枯れてしまいます。ただし、一部の熱帯植物園ではカカオが栽培されていますので、国内でカカオを見ることは可能です。私もチョコレートの仕事を志し始めたころには熱帯植物園に足しげく通ったものです。また、ビニールハウス栽培が行われている場所もあるようです。日本でカカオを育てるのには環境以外にも人件費など、課題は多く、チョコレートとしての商品化はなかなか難しそうですが、近い将来日本産カカオを使用したチョコレートを口にする日がくるかもしれません。

余談ですが、カカオの生産国は、コーヒーの生産国と重なっています。コーヒーも赤道直下の「コーヒーベルト」とよばれる生産地域があり、カカオベルトとほぼ同じ地域なのです。ただし、標高が低く、蒸し暑い場所で栽培されているカカオに対し、コーヒー（特に香りの優れているアラビカ種）は標高が高く、比較的涼しい地域で栽培されています。

まれに、標高の高い地域でもカカオが育っているのを見ることがあります。そして、その果肉がとても甘い。優良なアラビカ種のコーヒーや、甘味がのった高原野菜のように、朝晩と日中の寒暖差で栄養分をたくさん蓄えた結果なのかもしれません。生産地を巡っているといつも新しい発見、驚きがあり、チョコレートにしたらどのような香りになってくれるのだろうかと、いつも好奇心を刺激されています。

クリオロ種

産地	ベネズエラ、メキシコ、マダガスカル
木	収量は少なく、病害に弱い
ポッド	深い縦溝、ごつごつした隆起
豆	小粒・中粒で、断面は乳白色
風味	繊細でマイルドな風味 フレーバービーンとして使用

品種

ワインの原料となるブドウの木には様々な品種があり、栽培方法や風味も異なることは多くの方がご存知だと思います。また、コーヒーが好きな方は、アラビカ種、ロブスタ種など、品種の分類をご存知かもしれません。カカオについても、ワインやコーヒーと同じように、いくつかの品種に分類され、それぞれ栽培環境や風味が異なるのです。古典的な大きな分類では「クリオロ種」、「フォラステロ種」、「トリニタリオ種」の三つの品種に分けられます。南米北部が起源とされているカカオは徐々に自然繁殖し、メキシコ、エクアドル、ペルー、ブラジルとその分布が広がっていきました。その中で、それぞれの地域で独自の適応がおこり、植物学的に異なる品種へと分化したのです。

クリオロ種は古くから栽培されている品種で、スペイン語で「自国の」という意味を持っています。カカオ豆を初めてヨーロッパに輸出した国であるベネズエラが、当時、栽培・輸出をしていたカカオ豆を「自国の豆」とよんだことが始まりです。上品で豊かな芳香や、渋みのもとであるポリフェノールの量が少なく、マイルドで優しい風味が特徴のクリオロ種。この特徴から中世ヨーロッパの宮廷社会では特に好まれていたようです。しかし、クリオロ種は収量が少ない上に、病害虫にも弱く、とてもデリケートな品種です。農民にとって扱いにくいクリオロ種はチョ

フォラステロ種

産地	ガーナ、コートジボワール
木	収量は多く、病害に強い
ポッド	表面はなめらか
豆	大粒で、断面は紫色
風味	力強いカカオ感、苦味、渋み ベースビーンとして使用

コレートが普及するとともに、より育てやすい他の品種に置き換えられるようになりました。現在は純粋なクリオロ種の生産量は世界全体の生産量のうち三％に満たないといわれています。

外観だけでなく、カカオ豆の内部の色も品種により異なります。クリオロ種は、カカオポッドの表面にごつごつした深い溝があり、カカオ豆の断面はきれいな乳白色をしているのが特徴です。

一方、病害に強く、収量が多いのがフォラステロ種です。フォラステロとは「外国の」という意味を持ち、これもベネズエラが輸出していた豆以外のものをそうよんだことが起源です。育てやすさから、チョコレートの普及に伴い栽培量がみるみる増加し、現在では世界のカカオ生産量の約九十％を占めるようになっています。

風味は、しっかりとした苦みとカカオ感、そしてポリフェノールを含むことによる渋みが特徴です。その力強さから、カカオ豆をブレンドする際には「ベースビーン」として味の土台作りに使用されています。また、ミルクに負けないコクを持つため、ミルクチョコレートにも多く使用されています。栽培はガーナやコートジボワールなどの西アフリカや、インドネシアなどの東南アジアの国々が中心です。

フォラステロ種のカカオポッドの表面は滑らかで、丸みを帯びた形状をしており、カカオ豆をカットした断面はポリフェノール由来の鮮やかな紫色をしています。

トリニタリオ種

産地	トリニダード・トバゴ、ドミニカ共和国
木	クリオロ、フォラステロの 中間の収量、耐病性
ポッド	多くは浅い隆起を持つ
豆	中粒・大粒で、断面は薄い紫色
風味	力強いものから繊細なものまで様々 フレーバービーンとして使用

そして、クリオロ種とフォラステロ種を組み合わせて生みだされた交雑種がトリニタリオ種です。十八世紀に中米のトリニダッド島で誕生したトリニタリオ種は、現在は中南米を中心に栽培されています。クリオロ種とフォラステロ種の両方の性質を受け継いでおり、個性的で豊かな香りを持ちながらも、病気に比較的強く、収量もクリオロ種より優れている品種です。単品種での使用はもちろん、ブレンドする場合には風味付けのための「フレーバービーン」としても使用されます。

さらに四品種目として「アリバ種」を加える場合があります。アリバ種はエクアドル原産の品種で、「ナシオナル種」ともよばれています。分類上はフォラステロ種なのですが、他のフォラステロ種にはない華やかで繊細な芳香を持っていることから、フレーバービーンとして使用されることが多く、フォラステロ種と区別してアリバ種とよばれているのです。これまでアリバ種のカカオをエクアドル以外の地域で栽培する試みもあったようですが、他の場所で育てたものはアリバ種特有の華やかさがあまり感じられなかったようです。

ここであげた品種論は大まかな分類でしかありません。最終的にできあがるチョコレートの風味形成には、品種のみではなく、天候、土壌、肥料などの栽培環境、発酵などの加工方法が複雑に絡み合っています。これが産地ごとに特異的な風味特徴（テロワール[五]）を生みだすのです。そのため、クリオロ種、トリニタリオ種は優れていて、フォラステロ種

右…右からクリオロ種、トリニタリオ種、フォラステロ種　左…カカオ豆の断面（右からフォラステロ種、クリオロ種）

は劣っているということではありません。これまで素晴らしい風味のフォラステロ種にも出会いましたし、風味の乏しいクリオロ種にも出会いました。情報で味わうのではなく、最終的に美味しいことが大切なのではないでしょうか。つくり手は自分の思い描く美味しさに到達するためにも、情報に従い過ぎず、自分の目と鼻、舌でカカオ豆の特徴を知っていくことが重要でしょう。

ここでは大きく三品種の解説をしましたが、世界で栽培されているカカオを正確に判別するのはとても困難です。というのも、現在のカカオ生産においては、これらの三品種をもとに自然交雑、もしくは人為的交雑によって生まれた多種多様なカカオが栽培されていて、厳密には何種類もの派生種にわかれているからです。また、ほとんどの小農家では自分たちが育てているカカオがどのような品種なのかを把握してはいません。もちろん品種系統や最終風味などの情報も収集しながら栽培管理している大規模農園もありますが、カカオ生産の大部分は世界共通言語がほとんどないような、まだまだアナログな世界です。

本書では古典的な分類法を用いて説明しましたが、最新の遺伝学的な分類法では十系統[六]にわけられています。

[五] 「土地」を意味するフランス語「terre」から派生した言葉で、生育地の地理、地勢、気候による風味の特徴のこと。ワインやコーヒー業界でよく使用されている用語。

[六] 現在はDNA解析を使用した細かい植物学的な分類により、アメロナード、コンタマナ、クリオロ、クラレイ、ギアナ、イクィトス、マラニョン、ナショナル、ナネイ、プリュスの十系統に分類されている。

右上…クリオロ種　左上…トリニタリオ種　下…フォラステロ種

ブレンドの妙

近年、日本でも単一品種で仕上げられたチョコレート（シングルオリジンチョコレート）の知名度と人気が上がってきており、カカオの個性を味わうたのしみ方が徐々に広まってきています。もちろん、その風味の個性や違いを味わうのも、チョコレートのたのしみ方の一つでしょう。ただし、それが全てではありません。私は絶妙に調合されたブレンドチョコレートにも深い魅力を感じています。

ウイスキー技師がいくつもの原種を組み合わせてオリジナルのウイスキーをつくり上げるように、珈琲職人がブレンドコーヒーをつくり上げるように、そして、チョコレート技師はカカオ豆単品の風味特徴を最大限に引きだし、数種類のカカオ豆を調合してブレンドチョコレートをつくります。味を調和させ、単品種では表現できない風味をつくりだすのがブレンドの妙であり、自分の求める感覚に近づけるための創作作業がブレンドなのです。

ブレンドをする際には、カカオ豆を「ベースビーン」と「フレーバービーン」にわけて使用しています。ベースビーンとは味の土台となるカカオ豆のことで、力強い風味を持ったフォラステロ種が一般的に使用されます。それに対してフレーバービーンは、香りの特徴を付けるカカオ豆のことで、豊かな芳香を持つクリオロ種やトリニタリオ種、またはアリバ種が使用されます。

私が仕事をする上で多大な影響を受けている福岡の珈琲店「珈琲美美」の店主・森光宗男氏[七]は、珈琲のブレンドを音楽の「和音」に例えて説明しています。単音（味）では表現できない美しい響き、心地よさをつくるのがブレンドだと。その言葉通り、森光氏の珈琲は美しい余韻を感じることができる、感動の一杯です。

ブレンドは少しずれるだけでも違和感がでてしまう繊細で難しい作業です。私もカカオを知れば知るほどそれぞれが持つ個性に魅力を感じているのですが、それでもやはり「ブレンド」にこだわってしまうのは、それらの和する美しい味わいを皆さんに感じていただきたいと思ってしまうからでしょう。

[七] 一九四七年福岡県久留米市生まれ。「珈琲美美」店主。焙煎、ネルドリップ抽出、ブレンドを始めとした味の追及はもとより、モカ珈琲の香味の種明かしを求め、イエメン、エチオピアの視察旅行を重ねている。／出典…森光宗男著『モカに始まり』、手の間文庫、2012年、196頁

栽培と収穫

美味しいチョコレートは職人の技術ばかりに焦点があてられがちですが、その上流にある農業としてのカカオ栽培は非常に重要です。洗練された味わいの奥には、土にまみれ、そして手間暇かけた農民たちの手仕事があるのです。

右…カカオの発芽　左…カカオの苗木

多くのカカオ農園では、カカオの栽培や収穫はそれぞれの場所で代々続く伝統的な手法で行われています。カカオは発芽後三〜五年でカカオポッドを実らせるようになり、結実の最盛期は八〜十五年目、期間としては約三十〜五十年間収穫できます。収穫期には一本の木にたくさんのカカオポッドを実らせますが、一斉に熟するわけではなく、同じ木の中にも小振りの果実、大きくはなっているが完熟には至っていない未熟果実、そして完熟果実が混在しています。農民はこの完熟したカカオポッドのみを収穫します。未熟なカカオポッドは糖分が少ないため、良質な風味を得ることができません。完熟したカカオポッドの見極めは農民の経験が頼りとなっていて、彼らはカカオポッドの色や形から完熟果実のみを選定し、収穫するのです。色といっても単純ではなく、カカオの木によっても色は異なりますし、ちょっとした筋の色の変化を見逃さずに収穫するのは素人には全くできない難しい仕事です。

農民の多くは、大きなナタを使用して手作業で一つ一つのカカオポッドを収穫します。また、高い位置のカカオポッドに対してはカギ型のナイフを取りつけた長い竿を使用して収穫します。枝だけでなく、幹にも

右…カカオ収穫の風景　左…ナタを使ってカカオポッドを割っている

果実を実らせるので、機械を使用して収穫することができません。すべて手作業で収穫するため、多くの時間と労力がかかります。

　集められたカカオポッドはナタを使って殻が割られ、果肉ごとカカオ豆が取りだされます。この殻を割る作業も簡単なようでとても難しく、熟練の技が必要です。というのも、カカオポッドの殻は硬い上にとても分厚く、割るために力を入れすぎると中のカカオ豆が傷ついてしまうのです。そうなってしまったカカオは売り物にはならないので、効率よく外の殻だけを綺麗に割る絶妙な力加減が必要なのです。私が初めてカカオポッドを割る作業を手伝った際、いざナタを振り落とそうとしても、自分の手まで切ってしまいそうで、カカオ豆を傷つけるどころかカカオポッドにすら傷がつかずに農民たちに笑われてしまいました。その後、今日まで何百個と農民と一緒にカカオポッドを割ってきましたが、暑い中一日を通して硬い殻を割り、はがし、中身を取りだす作業を続けるのはかなりの重労働です。

　収穫シーズンを迎えた農園では、カカオポッドを割るテンポのよいサクッとした音と、殻をはがすメリメリという音が響きわたっています。はがされた分厚い殻の多くは肥料や家畜の餌などとして使用されています。一部の研究機関ではそれを他の商品にする方法を研究していますが、まだ販売するほどにはなっていないようです。カカオポッドに他の有効な使い道があれば農民のさらなる収入源となるでしょう。

右…カカオポッドを割り、カカオ豆を果肉ごと回収する　左…果肉の中にある芯は取りのぞく必要がある

カカオの病気

カカオの病気には、何種類かの菌類が深く関わっています。一度蔓延してしまうと、農園が大きな打撃を受けるだけでなく、地域のカカオ産業自体を脅かしてしまう可能性もあるので、非常に大きな問題です。かつてブラジルは世界第二位の生産量を誇るカカオ生産国でした。しかし、病気が原因で一気に収穫量が落ちてしまい、多大な損害を被ることとなり、現在では世界第七位まで順位を落としています。病気の蔓延を防ぐためには、発病したカカオポッドを駆除して感染を防ぎ、木の部分を剪定しなければいけません。ただし、広大な農園の一本一本の木をくまなくチェックし、対応していくのは非常に困難な作業ですし、そもそも病気の見極めには経験が必要です。根本的な解決のためにも、耐病性のある品種の開発が急務となっています。また、病原菌以外にも、「カプシッド」や「ポッドボーラー」などの害虫や、サル、ネズミ、リス、キツツキなどの動物などによる被害も多く報告されていて、それらは病原菌の伝播を助長させてしまいます。カカオの代表的な病気を三つご紹介しましょう。

・天狗巣病（ウィッチズブルーム）

「クリニペリス・ペルニシオーサ」とよばれる病原菌により、枝や果実が奇形となり、果実の組織を破壊してカカオ豆を殺してしまう残酷な病気。この菌害は中南米に広まり、いくつもの国のカカオ収穫量を低下させてきたが、アフリカではまだ報告されていない。

・黒果病（ブラックポット）

「フィトフトラ」という水生菌による害で、ポッドを黒く腐らせてしまう。フィトフトラは広く存在しているため、カカオの病害では最も一般的である。湿度が高い状況で蔓延しやすいため、農園の剪定を行い、空気の循環をよくすることで改善につながる。

・モリニア病

天狗巣病菌の近縁種である「クリニペリス・ロレリ」とよばれる病原菌による害で、カカオポットを腐らせてしまう病気。中南米に広範囲で広がっている。

生産国と消費国

カカオ農家にとってカカオ豆の生産性や耐病性はとても重要です。多くの生産現場では、収穫されたカカオ豆の重量でお金のやりとりが行われます。農民がカカオに求めるものは、風味のよさよりも、量がたくさんとれること、病気に強く、育てやすいことなのです。

美味しいチョコレートをつくるためには、原料のカカオ豆の品質が何より大切ですが、それを意識している生産者はごく一部のみです。生産国ではチョコレートが溶けてしまうため、食べる機会自体が少なく、チョコレートが遠い存在であるということが大きな要因かもしれません。

生産国と消費国が同じ国であることが多いワイン業界に対し、生産国と消費国が異なるカカオ業界においては、お互いのことをよく知らないのが現状です。多くのカカオ生産者は自分たちのカカオがどのような味になるのかを知りませんし、消費国のチョコレート製造者や消費者は、植物としてのカカオや、栽培の苦労を知らないことがほとんどです。生産国と消費国の価値観の共有化を行い、優れた風味を持つカカオの品種を育て、消費者が「美味しさ」の面からその価値や労力に対してしっかりと対価を払い、それを生産者に還元していく仕組みづくりがこれからのカカオ産業の発展において大切だと思っています。チョコレートの味を追求することで、食べる人々の幸福感と、カカオ農家の暮らしの豊かさが互いに向上していくことが、その狭間でチョコレートづくりをしている私にとっての目指す形です。今後も微力ですが生産国と消費国の架け橋となれるような存在でありたいと思っています。

発酵

「チョコレートは発酵食品である」
ことはあまり知られていません。
カカオの発酵は味づくりに対して
とても重要な工程で、
この作業が最終的な
チョコレートの味の広がりを
決定してしまうといっても
過言ではないでしょう。

そもそも発酵とはどのような作業でしょうか。広い意味では、「微生物を利用して、食品を製造する」ことです。身近な発酵食品としてはワインや日本酒などのアルコール類、パン、チーズ、ヨーグルト、納豆などが思い浮かぶでしょう。

ワインは酵母菌がブドウの糖分をアルコールに変化させてつくられますし、納豆は納豆菌によって独特の風味が引きだされます。一方、微生物の作用で食品の成分が劣化することを「腐敗」といいますが、「腐敗」と「発酵」の違いは紙一重。できあがった成分が人間にとって有益か有害かという違いです。カカオの発酵も他の発酵食品同様に微生物が有益に働きます。そして、一番重要な働きは、チョコレートの香りのもとになる成分をつくりだすことにあります。この成分自体はチョコレートの香りはありませんが、後に行う「焙煎」（53頁参照）で熱を加えることで、チョコレートの香りへと変化します。発酵はチョコレートの味づくりに欠かせない非常に重要な工程なのです。

発酵においては、カカオ豆だけでなく、カカオの果肉も重要な働きをします。手順としてはまず、収穫して集めた、果肉がついたままのカカオ豆を山積みにし、一週間前後、定期的に撹拌しながら静置させます。果肉には十～十五%の糖分が含まれていて、これらが微生物の栄養とな

ヒープ法（バナナの葉を敷いた上にカカオ豆を果肉ごと積み上げる）

り、発酵がおこるのです。果肉にはクエン酸が含まれ酸性となっているので、腐敗菌は増殖せず、日本酒のように乳酸を加えずとも自然に発酵が進行します。

発酵中は独特の甘酸っぱい発酵香に包まれます。初めて嗅ぐ方には臭いといわれてしまいますが、慣れてしまえば、カカオ農園にきたことを実感する、とても愛着のわく香りです。

発酵の具体的な方法や期間は、生産国、地域により異なりますが、「ヒープ法」と「ボックス法」という二種類の方法が主流です。

ヒープ法とは別名「堆積法」ともよばれるきわめてシンプルな方法です。農園内にバナナの葉を敷き、果肉のついたカカオ豆を山積みにし、さらに上からバナナの葉で覆う方法で、主に西アフリカなどで行われて

ヒープ法（積み上げたカカオ豆をさらにバナナの葉で覆う）

ボックス法（段差を設けた箱）

ボックス法（上段から下段へとカカオ豆を移しながら攪拌を行っている）

います[八]。その状態で静置させながら、二〜三日毎に葉をはがしてカカオ豆をかき混ぜながら発酵させます。ヒープ法での発酵作業は農園の中で行うため、カカオ豆をその場で発酵させることができ、収穫したカカオポッドを別の場所に運ぶ手間がかかりません。何より、コストがかからないのが農民にとっての大きなメリットです。

　それに対してボックス法とは、木箱の中に果肉のついたカカオ豆を入れ、その上をバナナの葉や麻袋で覆う方法で、主に中南米で行なわれています。多くは段差を設けて箱を設置し、数日ごとに上段から下段へと容器の中身を移しながら攪拌をしていきます。攪拌がしやすいことや、より効率的に管理できるという利点があります。また、カカオ豆を単純に積み上げるヒープ法よりも一度に大量のカカオ豆を扱えることもボックス法の特徴です。ただし、収穫したカカオポッドを農園から発酵場まで運ばなければいけません。たくさんのカカオポッドを運ぶ作業は大変な重労働です。

　ヒープ法とボックス法の他にも、籠にカカオ豆を入れて葉で覆う「バスケット法」や、低い棚にカカオ豆を入れてそれを数段にも重ねる「棚式発酵法」など、多様に方法はありますが、行われている作業に大きな

[八] カカオ農園でシェイドツリーとしてバナナを同時に栽培していることが多く、簡単に手に入るため、バナナの葉を利用することが多い。

熱が逃げないよう、バナナの葉、麻袋で覆う

違いはありません。

発酵を終えたカカオ豆は、次に行われる乾燥の効率をよくするために、まわりの余分な果肉を水で洗い流す場合もあります。

発酵では微生物がとても重要な働きをします。日本酒やワインづくりの現場では、清酒酵母やワイン酵母などを人の手で加え、発酵させるのがほとんどです。しかし、カカオの発酵の現場では、使用されるバナナの葉や木箱などに生息している酵母、さらには空気中に浮遊している野生酵母が働きます。自然に潜む微生物が偶然にその役割を担っているのです。ひとことに微生物といっても様々な種類の菌が存在します。そのため、発酵の場所や方法、使う木箱とバナナの葉などによっても最終的にできあがるチョコレートの風味が異なるのです。生産国や地域によっても生息している微生物の種類は様々ですので、それがチョコレートのテロワールを決定づけるひとつの要因となっています。良質の風味のカカオができあがる発酵箱などは、付着した微生物を含め、農民の宝のようなものなのです。

発酵の科学

発酵を少し科学の視点で噛み砕いてみましょう。
カカオの発酵は大きく次の三段階にわけられます。

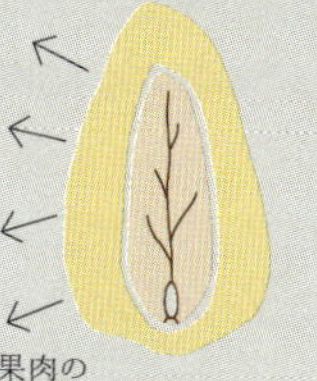

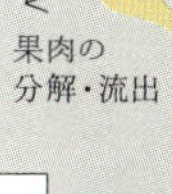

発酵のダイナミクス

発酵初期・「アルコール発酵」

糖分が豊富に含まれる果肉は、微生物が活動するには最適な環境です。初めの二日間程度の発酵初期では、果肉の糖分が酵母菌により分解され、アルコールがつくられます。そのため、果実酒のようなフルーティな香りが発酵所に広がり、箱の中身に顔を近づけると、強いアルコール感を感じることができます[九]。この段階では、ワイン酵母の働きでブドウ果汁からワインがつくられる工程と非常に似ています。

アルコール発酵を担う酵母菌は「嫌気性細菌」とよばれる酸素がない状態で活動する菌です。発酵初期は粘性のある果肉が高く積まれることで、内部が無酸素状態となり、反応が自然と進行します。同時にこの過程では熱も発生し、徐々に温度も上昇していきます。さらに日数がたつと果肉の粘り気の成分であるペクチンが分解され、液状となって徐々に流れ落ちていきます。

発酵中期・「酢酸発酵」

通常の日本酒やワインなどの醸造酒であれば、アルコール発酵によって糖分がアルコールに変化して完成に近い形となりますが、カカオの発酵はさらにその先へと進みます。次の段階では、発酵初期にできたアルコールを栄養源として酢酸菌が働き、酢の主成分である酢酸が生成され

[九] もともとカカオは、その果肉を発酵させてつくられたお酒として飲まれていたといわれている。その副産物であった種子が今は非常に価値のあるものとなっている。今でも中南米ではカカオ酒がつくられている。

右…発酵前。瑞々しい果肉を集める　左…発酵初期。果実酒のような華やかな香りが感じられる

ていきます。酢酸菌も酢酸と同時に熱を発生させるため、積まれたカカオ豆の温度は五十℃以上にも上昇し、箱の中に手を入れると少し熱い状態です。発酵場は酢のようなツンとした匂いとムッとした熱気に包まれます。

アルコール発酵と異なり、酢酸発酵を行う酢酸菌は「好気性細菌」とよばれ、活動するために酸素を必要とする菌です。そのため、全体をしっかり撹拌して十分に空気（酸素）を取り込ませる必要があります。何日目に、もしくは何回撹拌を行うかによって、酢酸菌の活動が始まる時期や酢酸の量が変化するため、最終的な風味にも影響を与えます。

発酵後期・「香りの元物質の生成」

アルコール発酵、酢酸発酵は主に果肉部分で進みます。発酵後期では、発生したアルコールや酢酸などの酸、そして、発生した熱がカカオ豆にも影響を与えます。生成された酸や熱はカカオ豆の細胞組織を破壊し、また、細胞を包む細胞膜の機能も破壊して果肉とカカオ豆の間や、豆の内部を成分が自由に行き来できるようになります。その中で、成分同士の新たな出会いが複雑な化学反応を引き起こし、香りのもとになる成分をつくり上げていくのです。カカオ豆に多く含まれているタンパク質や多糖類などは分解され、ペプチド、アミノ酸、単糖類へと変化していきます。これらの成分こそが後に焙煎されて香り物質へと昇華するのです。

右…発酵中期。酢酸のような尖った香りが感じられる　左…発酵後期。果肉は流れ落ち、カカオ豆が残る

アミノ酸や糖の種類によっても最終的に表れる香りの質は異なり、成分の量だけではなく、その質もチョコレートの風味に影響を与えます。発酵後期では最終的に果肉はすべて流れ落ち、カカオ豆だけが残ります。

他にも、糖類や有機酸から乳酸がつくられ、渋みのもとになるポリフェノール[十]は酸化してマイルドな風味へと変化します。また、「褐色反応」がおこり、白色や紫色をしたカカオ豆の内部の色も徐々に茶色へと変化し、チョコレートの色味に近づいていきます。この色の変化を利用して、乾燥したカカオ豆の発酵の度合いを確認することもできます。

未発酵のカカオ豆、もしくは発酵が不十分なカカオ豆を使用してチョコレートをつくると、焙煎してもチョコレートらしい香ばしさは乏しく、苦味や渋みの尖ったチョコレートになってしまいます。実際に、ほとんど発酵を行わない生産地域もありますが、それらの多くはココアバターやココアパウダー（81頁参照）などの、味に影響の少ないカカオ製品に使用されています。

風味を大きく左右する発酵作業ですが、カカオ栽培と同様に、発酵の知識を持ち、その上で管理しているカカオ農家はきわめて稀でしょう。大規模な農園を除き、多くの小規模農家はこのメカニズムを把握しないまま、昔から行われている伝統的な手法・期間・攪拌タイミングでカカオ豆を発酵させているので、風味の差も必然的に生まれます。何度もいうように、カカオ産業はまだまだアナログな世界なのです。

[十] カカオポリフェノールというと、健康イメージが強いが、その味は渋くて決して美味しいものではない。逆に渋みが少ないクリーミーなチョコレートはポリフェノール量も少ないことが多い。

発酵の化学反応式

アルコール発酵

$C_6H_{12}O_6 \longrightarrow 2C_2H_5OH + 2CO_2$

グルコース　エタノール　二酸化炭素

酢酸発酵

$C_2H_5OH + O_2 \longrightarrow CH_3COOH + H_2O$

エタノール　酸素　酢酸　水

実家が酒屋で日本酒に親しみがあった私にとって、発酵の重要性は強く感じています。日本酒も原料の米や麹はもちろんですが、発酵の時間や酵母の種類でもできあがりの風味が全く異なるのは多くの人が知るところでしょう。カカオ豆も同様に、発酵容器の素材や形、攪拌の方法とタイミング、野生酵母ではなく人為的な酵母の使用などによりできあがるチョコレートの風味は変わってくるのです。

一つくり手として、どの産地のカカオ豆を選ぶかに加えて、発酵方法を使いわけることで表現の幅を広げ、自分なりのチョコレートの風味を創造していきたいと思っています。これまでは様々な産地に足を運び、カカオの質を確認してきましたが、今は自分が好きな農園で、地に足をつけてじっくりカカオ豆と向き合っていくことも大切だと感じています。

シェイドツリー

カカオは直射日光を嫌い、半日陰を好む植物です。特に苗木の段階では土壌は湿った状態が好ましく、日陰をつくり乾燥を防ぐ必要があります。日陰をつくるために栽培する植物はシェイドツリーとよばれ、バナナの木が多くの農園で使われています。バナナは熱帯で育ちやすい植物で、食用としても利用でき、カカオ以外の現金収入源として利用できる有用な植物なのです。他にも、ココヤシ、ゴムの木などがシェイドツリーとして多く利用されています。

同様に土壌の乾燥を防ぎ、土壌の有機物の分解を促進させるために、カカオや他の植物の枯草、木の葉などを根の周辺に敷く「マルチング」などの方法も行われています。

カットテスト

発酵終了後、カカオ豆の発酵度合いは断面の色で確認することができます。フォラステロ種やトリニタリオ種の未発酵の豆はポリフェノール由来の紫がかった色合いをしており、クリオロ種の豆は含まれるポリフェノールが少ないため、乳白色をしています。

発酵によりカカオ豆は徐々に茶色味がかっていくので、カカオ豆を切って断面の色を見ることで、紫や白色が残っていれば発酵が足りていないと判断できますし、ほとんどの色がしっかり茶色くなっていれば発酵が丁寧に行われているとわかるのです。

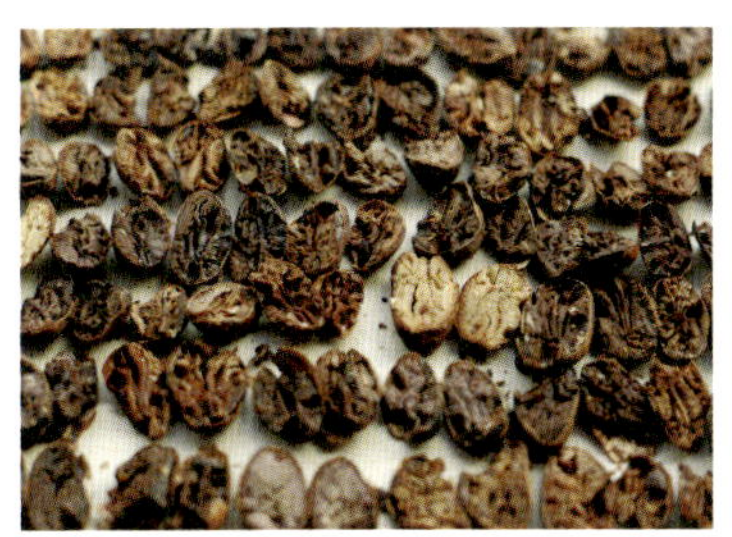

右…シェイドツリー（バナナ）
左…カカオ豆の断面

乾燥

カカオ豆は過度に発酵しすぎると、
不快な香りが発生してしまいます。
適正な時期に発酵場から取りだし、
じっくりと乾燥させながら、
発酵を少しずつ収束に向かわせます。

右…発酵を終えたカカオ豆をパティオに広げる　左…凹凸をつけてカカオ豆を広げることで、効率よく乾燥を行う

過度な発酵や、発酵を終えたカカオ豆をそのまま放置しておいたりすると、湿った状態の豆にはカビが生え、不快な香りが発生してしまいます。そうなることを防ぎ、かつ保存性を高めるために、輸送する前にしっかりと乾かし、水分を飛ばす必要があるのです。水分の含量が七〜八%と、カカオ豆がカラカラになるまで乾燥させます。

最も風味がよく仕上がる乾燥方法が天日乾燥です。「パティオ」とよばれる広場や、木製の棚、台などに広げ、太陽の力でじっくり乾燥させます。国や地域によっては乾燥の効率を上げるために、表面についている果肉の残りを洗い流してから行います。大切なのは、乾燥させている最中も発酵がゆっくり進行しているということ。ボックス法やヒープ法だけでは発酵は不完全です。不快な香りが発生する前に乾燥に移し、じわじわと発酵を完全に行いきることが、美味しいチョコレートをつくる上で大事なのです。ただし、乾燥中もカビのリスクはつきもの。太陽にあたる面積が大きくなるようにカカオ豆を広げ、こまめに撹拌してまんべんなく日光にあてることが肝心です。天気がよければ約一週間で水分値が下がり、自然と発酵は停止します。しかし、気まぐれな天気に対応しなければいけないのが天日乾燥の課題です。曇りの日が続けば乾燥に

天日乾燥されるカカオ豆

も時間が必要ですし、急な雨にあたってしまうと、せっかく乾かしたカカオ豆が濡れてしまって台なしです。そのため、カカオ豆が雨によって再び湿気を帯びないよう、可動式の乾燥台や屋根を使用したり、すだれやビニールで覆ったりと、現場では様々な工夫が施されています。

湿度が極端に高い地域や天候が変わりやすい地域、もしくは雨季で湿度が著しく高い時期は、さらに乾燥の難易度が上がります。そのような場所や時期には水分が十分に飛びにくく、時間が必要以上にかかってしまったり、カビが発生してしまったりするリスクが増えてしまうので、機械による人工乾燥を行う場合があります。炉で木などの原料を燃やし、高温の空気によって乾燥させるのです。ただし、短時間で乾燥できる反面、乾燥スピードが速すぎて発酵が不十分だったり、酢酸などの揮発性の酸が強く残ってしまったり、熱源である薪の煙の匂いがカカオについてしまったりと、課題点も多くあります。例えば、湿気が高く気候が変わりやすいインドネシア。機械乾燥のために木炭を原料に乾燥させる農家がよく見られますが、その香りがカカオ豆にもついてしまい、燻製臭を持ったチョコレートになってしまいます。一般的にはネガティブな香りですが、この香りを好む人もいるので、いってしまえばこれも一つの産地特性なのでしょう。とはいえ、技術レベルも進歩しており、ゆっくりと乾燥を行うことができる乾燥機も開発されてきています。

下…大量のカカオ豆を運び、広げて天日乾燥を行う

出荷

乾燥を終えたカカオ豆は
厳しいチェックを経て、
消費国へと送り届けられます。
チョコレートの原料である
カカオ豆をつくるための、
農民の手仕事と長い工程が
ここでやっと終わりを迎えます。

麻袋に入れられ、出荷を待つカカオ豆

乾燥を終えたカカオ豆は麻袋に六十kgずつ梱包されて運ばれます。六十kgの麻袋は、実際に持ってみるとわかるのですが、想像以上にとても重たいです。かなりの重労働ですが、ほとんどは人の手によって運ばれています。農家でまとめられたカカオ豆は主に仲買人を通して輸出業者に販売され、その後消費国へと輸出されていきます。その際にはカカオ豆の発酵の度合い、水分値、豆の大きさ、カビや虫害、異臭など品質のチェックが行われ、国によってはグレードにわけられて、輸出されています。

集荷、出荷業務は世界のほとんどの国では民営で行われており、ある程度買い手、売り手ともに自由な価格交渉ができます。ただ、ガーナなどの一部の国では今なお、品質管理、流通に国の機関が強く関与しています。品質が安定しやすい反面、売買の自由度も少ないといったデメリットもあります。

輸送は主に貨物船で運ばれており、多くは麻袋に入れた状態で出荷されています。船での長距離の輸送中は、カビが発生しないよう、湿度、温度に注意が払われ、長い旅路を経て日本や他の消費国へと運び込まれていくのです。

豊かさとは

カカオ農園で働く人々は貧しい。これはよく聞く話ではないでしょうか。履物をはかずに裸足で駆け回る子供たち。水道がなく、長い道のりを重い井戸水を担いで運ぶ人々。市場に並ぶ食材にはみっしりハエがたかっている。確かにそのような光景を目にすることは多くあります。ただ、私は生産国に行くたびに、そのような生活をする彼らと、我々日本人はどちらが幸せなのだろうかと、いつも考えてしまいます。溢れる人々の素朴で屈託のない笑顔、家族や周りの人々を大切にし、年配者を敬い、毎日をゆっくり丁寧に生活している姿を見ると、あくせく働き、比較し、競争する現代の日本人の忘れがちな「豊かさ」がそこには感じられるのです。

私の目には入っていない苦しさはあるでしょうし、極端に貧しい人々が多いのはまぎれもない事実です。しかし、金銭的裕福という勘違いの上から目線は決して持ってはいけないと強く思っています。きれいごとなのかもしれませんが、カカオ産業に関わっていく以上、自分の仕事が小さくとも、カカオ生産者の暮らしにプラスに働くよう努めています。生産者と対等に意見を交換し合い、生産者が育てたカカオからつくったチョコレートを適正価格で販売し、消費者もチャリティーではなく、美味しいという評価から購入してもらい、その対価を生産国へと還元していく。そんな小さな流れの積み重ねが、カカオ農園の持続的な発展につながると信じています。そのためにも私は丁寧に彼らがつくりあげたカカオ豆のよさを最大限に活かして、食べていただける方々の幸福感につなげられるよう、気を引き締めて、チョコレートづくりに精進したいと思います。

2章

チョコレートができるまで

遠い国々で、大地の恵みをうけ、農民たちの丁寧な
手仕事を経たカカオ豆。つくり手の手元に届くカカオ豆も、
その長い旅路を経てやってきていると思うと、
なんだかとても愛おしく感じられますし、
多くの方に愛されるチョコレートにしてあげたいという
気持ちを抱かずにはいられません。
カカオ豆を美味しいチョコレートの形にするためには、
多くの工程と技術が必要とされます。
チョコレートがカカオ豆からどのようにして
つくられているのか、その過程をご説明しましょう。

チョコレートができるまでの流れ

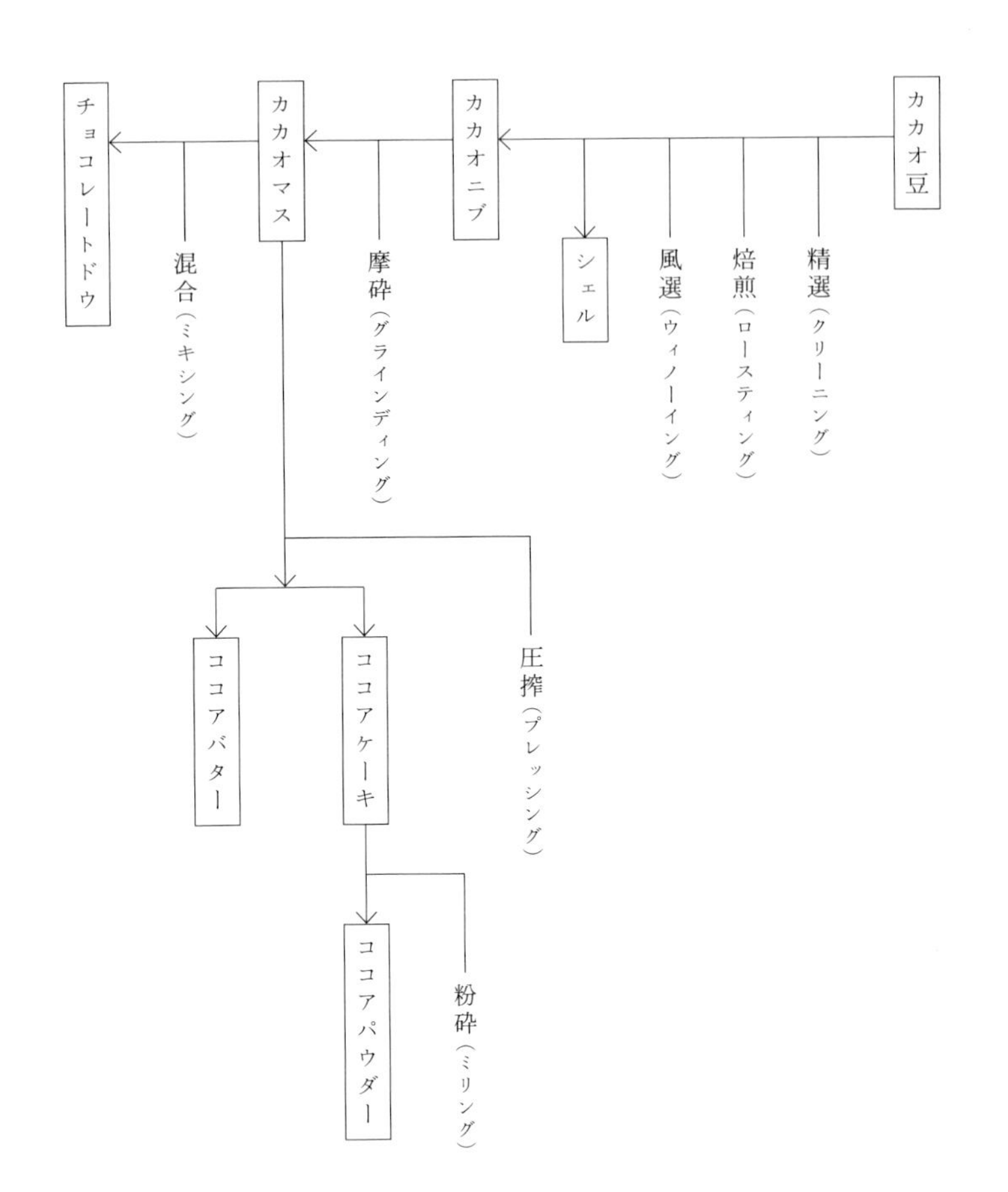

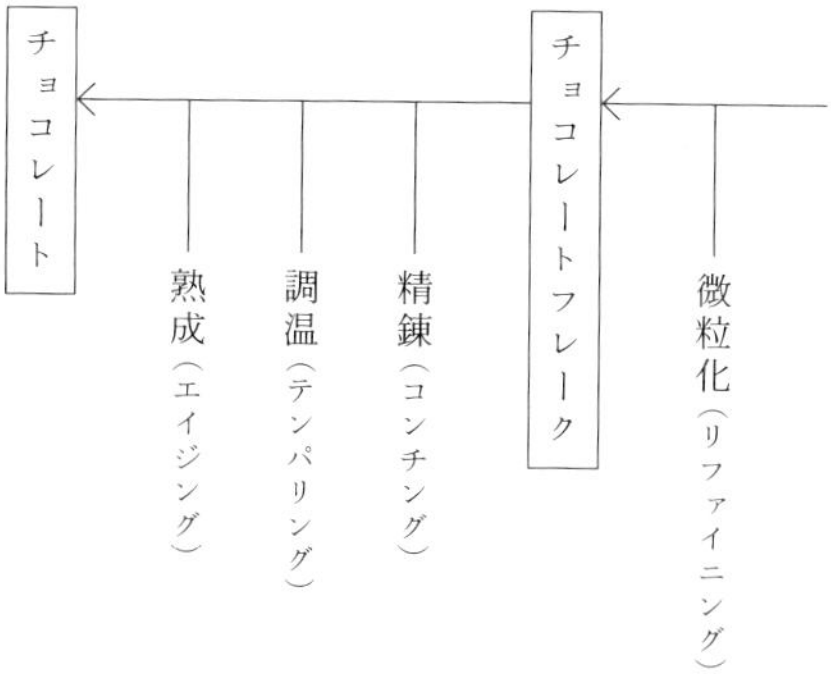

微粒化（リファイニング）

チョコレートフレーク

精錬（コンチング）

調温（テンパリング）

熟成（エイジング）

チョコレート

優れたチョコレートを
つくるための第一の条件は、
丁寧につくられた
品質のよいカカオ豆を使うこと。
粗悪な豆からはどのようにしても
いいものはできません。
ただし、優れた豆を活かすも殺すも
その後のつくり方次第です。
カカオ豆の持つ魅力を
最大限に引きだすためには、
「精選」「焙煎」「摩砕」「混合」
「微粒化」「精錬」「調温」と様々な作業、
そして、多くの技術と経験が要求されます。

精選

ふるい選別中のカカオ豆

様々な国から届けられたカカオ豆に、まずは「精選（クリーニング）」を行います。混入している異物を取りのぞき、綺麗なカカオ豆に整える作業です。農園では地面にカカオ豆を広げたり、野晒しの木箱で発酵させたりと、ほとんどが外での作業です。その過程で木片や石などの異物が混入してしまうのは容易に想像がつくでしょう。それら以外にも金属や糸くずなどが混入してしまうこともあります。輸送中にカビてしまったカカオ豆や、虫に食われてしまったカカオ豆なども最終的な風味を悪くしてしまいますので、極力ここで取りのぞかなければなりません。

これらの異物を、目視での選別や、ふるい、風力、比重、磁石などの様々な手法で取りのぞくところからチョコレートづくりが始まります。木片などは後の焙煎工程で燃えてしまうのですが、その際に発生する煙臭が風味を粗悪にしてしまいますし、石や金属などは使用している機械を痛めてしまいます。

異物は入っていてほしくはないですが、選別してでてくる様々なものを見ていると、遠い異国に住む人々がカカオ農園で汗を流して働く姿が脳裏に浮かび、ある種の温もりを感じることができます。

焙煎

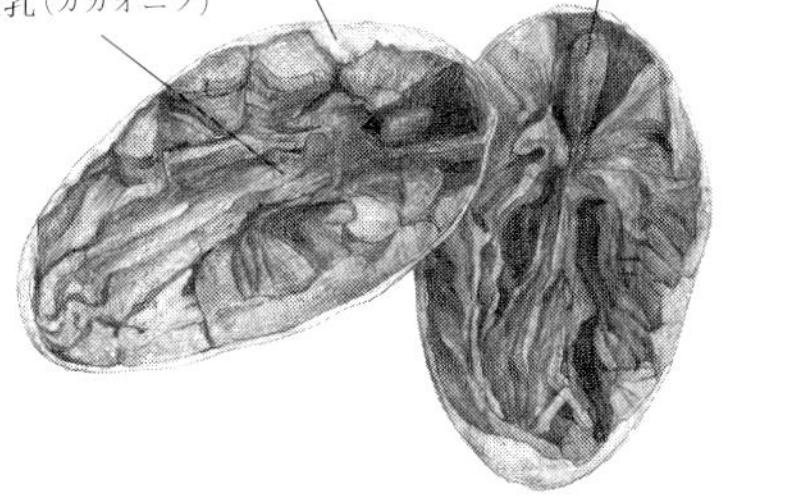

カカオ豆断面図

胚乳（カカオニブ）
外皮（シェル）
胚芽（ジャーム）

次に行うのが、チョコレートの風味をつくる上で最も重要な「焙煎（ロースト）[一]」です。焙煎とは文字どおり、熱をかけて焙じ、煎ること。コーヒー、アーモンド、お茶など、様々な食品で香りを引きだすために行われます。生のカカオ豆からはチョコレートの香りはほとんどせず、発酵で生まれた酢酸のいわゆるお酢のような匂いが強いですが、焙煎を経て、初めてチョコレートの豊かな香りが生まれます。栽培、発酵などでつくられた潜在的な風味を最大限に引きだす作業が、焙煎なのです。焙煎中カカオ豆はパチパチと音をたてて爆ぜながら、徐々に香ばしさをまとい、焙煎機から取りだすと同時に一気に芳香が放たれ、その場はとても心地よい香りに包まれます。その瞬間はいつになっても至福の時間です。焙煎の効果は香りをつくりだすことだけではありません。もともとカカオ豆に含まれている渋味や不快な酸味・雑味などをぬき、よりマイルドで食べやすくするために、風味をつくる上で非常に重要な技術なのです。

それにしても、古代の人々は渋くて苦いカカオ豆に熱をかけて美味しくなることをよく見つけたなあ、と感心してしまいます。一説には山火事がおこってカカオ畑に火が加わったことで、素晴らしい香りが生まれたといわれていますが、実際はどうなのでしょうか。真実がどうであれ、古代人がカカオ豆を加熱調理し始めたことは、チョコレートをたのしんでいる私たちにとってはありがたいことです。

[一] もしくは「焙炒」ともいう。

焙煎の科学

焙煎時に熱が加わることで、カカオ豆におこる反応を少し掘り下げてみましょう。

香りの発生

焙煎の一番大きな働きはチョコレート独特の香りを生みだすことにあります。発酵により香りのもとになる成分がつくられることは先に述べましたが、これらが焙煎され、熱が加わることによってチョコレートの芳香へと昇華するのです。

ここで重要な働きをしているのが、「メイラード反応」とよばれる化学反応です。メイラード反応はとても複雑な反応で、科学的に完全には解明されていません。簡単に説明すれば、食品が加熱されることにより、そこに含まれるアミノ酸や単糖[1]などをもとに、香りの成分をつくりだし、色を褐色に変化させる反応です。これはカカオの焙煎だけでなく、キャラメルの煮詰め、コーヒーの焙煎、食パンのトースト、クッキーの焼成など、多くの食品の「香ばしさ」や「色づき」に深く関わっている反応です。

ここで注目すべきは、アミノ酸や単糖が原料となること。カカオは発酵をさせることで、それらが多く生みだされ、焙煎時に豊かな香りがつくられます。したがって、発酵をしていないカカオ豆は、アミノ酸や単糖が乏しく、焙煎しても香りが弱いチョコレートとなってしまうのです。

このメイラード反応、できあがる香りは原料の種類だけでなく、温度にも依存します。つまり、カカオ豆の種類、発酵の方法だけではなく、加熱の温度や時間、方法によっても最終的な香りの質が変化するのです。

ひとことに焙煎といっても、ただ熱を加えればいいというわけではなく、その方法の違いが最終的なチョコレートの香りを決定づける奥の深い仕事なのです。

酸味の減少

焙煎には酸味を減らす効果もあります。カカオ豆を発酵させることで酢酸が生まれるのは1章「発酵」（32頁参照）でお伝えしましたが、酢酸はいわゆるお酢の主成分で、ツンとした匂いがあり、チョコレートにとってはあまりよい成分ではありません。しかし、酢酸は熱を加えると揮発しやすい物質であるため、焙煎により不快な酸味や刺激臭が減少するのです。

煮物料理で酢の酸味を伴った風味を活かし、さっぱりとした味わいにさせたい場合、仕上がる直前の煮汁に酢を加えるということを実践している方も多いかと思います。これも、酢酸が熱で揮発しやすい性質による工夫です。

焙煎により酸味が全くなくなるわけではありません。カカオ豆には酢酸以外にも、「クエン酸」、「シュウ酸」、「乳酸」など、いくつかの酸味の成分が含まれています。同じ酸味でも、シュウ酸、乳酸などは焙煎しても揮発しにくい酸として知られています。

[二] 糖類の最小単位。糖類はそれぞれ単糖類、二糖類、小糖類、多糖類にわけることができる。メイラード反応においては、糖類として単糖類の他、麦芽糖などの一部の少糖類も使用されている。

ミルクチョコレートに慣れ親しんだ方にとっては、チョコレートの「酸味」というと違和感を覚えるかもしれません。しかし、もともとフルーツであるカカオ豆に豊かな酸味が含まれているのは、ごく自然なことです。酢酸のようなツンとした酸味は不快で好ましくありませんが、適度で良質な酸味はチョコレートの味を綺麗に整え、品格がそなわります。さらに、カカオが持っているフルーティーな香りを引きたてる効果もあるのです。いいチョコレートには多かれ少なかれ、良質な酸味が必要不可欠です。

渋みの減少

焙煎により、酸味だけでなく、苦みや渋みを減らすことができます。苦みや渋みはカカオに含まれる「タンニン」という成分が大きく関わっています。お茶、柿、赤ワインの渋みなどもこのタンニンによるものです。抹茶の原料になる「碾茶」は覆いをされて遮光した状態で栽培しますが、これも渋いタンニンがあまりつくられないように行われているものです。チョコレートも強い渋みを感じると、あまり心地よくはありませんが、焙煎することで、タンニンは酸化して性質が変わり、渋みが減るのです。

丁寧に焙煎されたカカオ豆は味わいがマイルドになり、甘みや香りがより際立って感じられるようになります。

焙煎中のカカオ豆

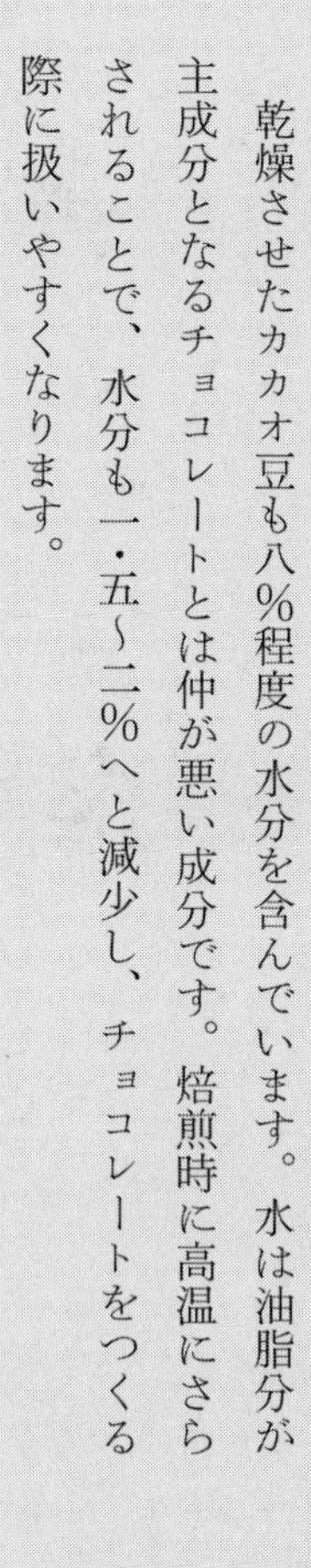

水分の減少

乾燥させたカカオ豆も八%程度の水分を含んでいます。水は油脂分が主成分となるチョコレートとは仲が悪い成分です。焙煎時に高温にさらされることで、水分も一・五〜二%へと減少し、チョコレートをつくる際に扱いやすくなります。

色調の変化

発酵終了時に茶色へと色味が変化したカカオ豆ですが、焙煎時にはメイラード反応などにより、さらに色調が変化し、深い茶色になります。この色が最終的なチョコレートの色味に反映されます。

右…ホールビーン（カカオ豆）
左…カカオニブ

ホールビーンローストとニブロースト

焙煎の方法は大きく二つにわけられます。カカオ豆をそのまま焙煎する「ホールビーンロースト」と、粗砕き後に焙煎する「ニブロースト」です。

カカオ豆は、外側を覆っている外皮「シェル」、胚芽「ジャーム」、そして胚乳「カカオニブ」からなっており、チョコレートにはカカオニブのみが使用されます（53頁参照）。

ホールビーンローストはカカオ豆がシェルに包まれた状態で焙煎し、その後にカカオニブを取りだす方法です。シェルがバリヤとして働き、揮発しやすい繊細な香りが保持されやすい特徴をもっています。しかし、カカオ豆の粒が大きいため、芯まで均等に火を通しにくく、粒の不揃いによる煎りムラがおきやすいという欠点があります。局所的な過度な焙煎による焦げ臭や、焙煎不足による雑味が残ってしまうなど、安定して焙煎することが難しい方法です。

一方、ニブローストはまずカカオ豆を粉砕してシェルを取りのぞき、比較的均一な大きさに揃えた小粒のカカオニブを焙煎する方法です。サイズのばらつきが少ないので、熱を均一に加えやすく、煎りムラの少ない安定した焙煎ができます。繊細な香りがやや飛びやすいという欠点がありますが、雑味の少ない綺麗な焙煎ができる方法です。

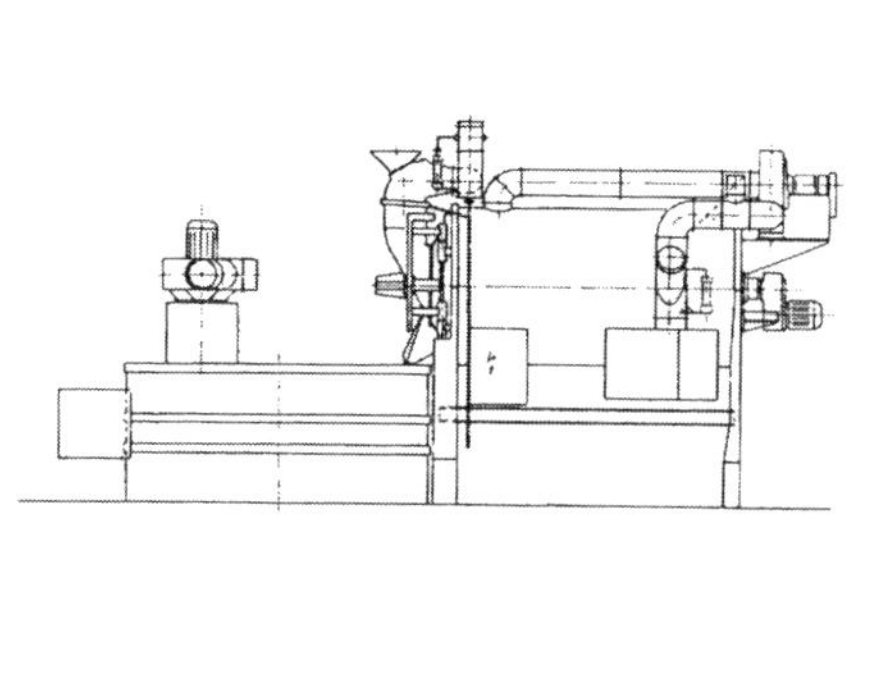

右…ドラム式焙煎機模式図／出典…Steve Beckett, Industrial Chocolate Manufacture and Use（3rd ed., Oxford, Blackwell Science, 1999）, p.97　左…連続式熱風焙煎機模式図／出典…Steve Beckett, Industrial Chocolate Manufacture and Use（3rd ed., Oxford, Blackwell Science, 1999）, p.95

焙煎機の種類

焙煎を行う機械にもいくつかの種類があります。代表的なのが「ドラム式焙煎機」です。回転するドラムの中にカカオ豆を投入し、そのドラムごとガス熱や熱風で加熱させる機械です。ドラムの中の密封状態でカカオ豆が焙煎されるため、繊細な香りも保持されやすい傾向にあります。

大手メーカーでは「連続式熱風焙煎機」も多く採用されています。ベルト、もしくは自重で移動するカカオ豆を熱風で連続的に焙煎する機械です。熱風に晒されるため、繊細な香りをやや失いやすくなりますが、温度管理がしやすく、安定的に焙煎を行うことができます。また、温度や湿度などの不確定要素に影響されやすいドラム式焙煎機に比べ、ブレが少なく、再現性の高い綺麗な焙煎を行うことができます。

他にも「コンベクションオーブン」や「シロッコロースター[三]」など、多種多様な機械が焙煎に使用されています。ただし、どれがよくどれが悪いということではありません。つくり手各々が利点欠点を理解した上で機械を選択し、さらに、温度、ドラムの回転速度、排気量などを細かく調節することで、それぞれの味の表現をしています。焙煎はつくり手のこだわりや思いが色濃く反映される奥深い仕事なのです。

[三] 球状の釜で焼き上げる旧式の焙煎機。

摩砕

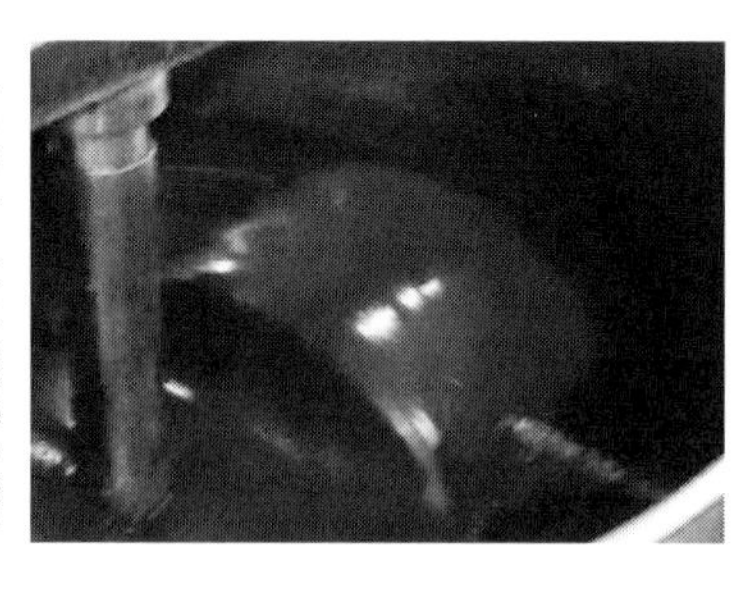
メランジャーによる摩砕の様子

焙煎して焼き上がったカカオニブはカリカリした食感の香ばしい粒で、製菓原料としても広く使われています。チョコレートにするためには、このカカオニブを細かくすり潰し、ペースト状にする必要があります。これが「摩砕（グラインディング）」の工程です。カカオニブはそのうち五十％強が「ココアバター」とよばれる油脂分でできています。通常ココアバターは細胞の膜に包まれて保持されていますが、熱をかけながらすり潰すことで細胞膜が壊れて中からココアバターがにじみだし、徐々にペースト状となるのです。このペーストは「カカオマス」もしくは「カカオリカー」とよばれています。

摩砕の方法はいくつかの種類があり、主に石臼に似た「メランジャー」や「ストーンミル」、パチンコ玉のような小さな鉄球を激しく撹拌し、その摩擦ですり潰す「ボールミル」などが使用されています。

カカオマスはココアバターの特性で、常温では固形で、体温程度の融点[四]以上の温度になると溶けて流動性をもつ性質があります。いわばカカオ分百％のチョコレートです。ただし、苦みと酸味が強く、そのままでは美味しくは食べられません。そのため、次の工程で他の原料を混合して、味を整える必要があるのです。

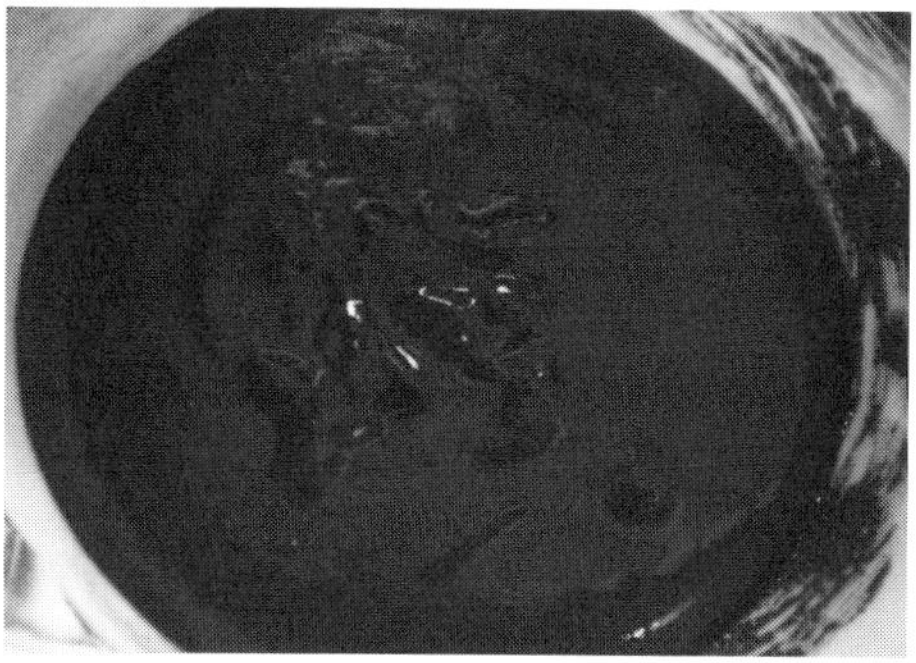

乳鉢による摩砕　上…摩砕前のカカオニブ　中…徐々に柔らかくなっていく　下…ココアバターがにじみでてペースト状になる

[四]
固体が融解し液体になる時の温度のこと。

混合

混合の様子／提供…ビューラー株式会社

カカオマスは苦みが強く、そのままでは決して美味しいとはいえません。「混合（ミキシング）」の工程では、全体の風味を整えるために、甘味のもとになる砂糖、酸味を抑えまろやかな風味にするミルク分、食感やコクを調整するココアバターや植物油脂のような油脂類をカカオマスと混ぜ合わせます。

私が各地で行っていたセミナーなどでは、多くの参加者が「チョコレート（カカオマス）には砂糖やミルクが溶けている」という認識を持っていました。これは大きな間違いです。

どういうことかというと、実際には砂糖やミルクがカカオマスに溶けているのではなく、単に混ざっているだけなのです。わかりにくいですが、この工程の「混ぜる」ことは、「溶かす」こととは意味が異なります。砂糖やミルクは水には溶けますが、油には溶けません。家庭にあるサラダ油に砂糖を入れて撹拌してみても、溶けることはなく、砂糖は沈殿してしまいます。

つまり、ココアバター（脂肪分）が主成分であるカカオマスには、砂糖などの原料は溶けることができず、単に「分散」しているだけなのです。そのため、液状のカカオマスに原料を混ぜていくと、だんだんと泥のようなぼそぼそとした状態となっていきます。

ココアバターに解けずに
分散するチョコレートの原料

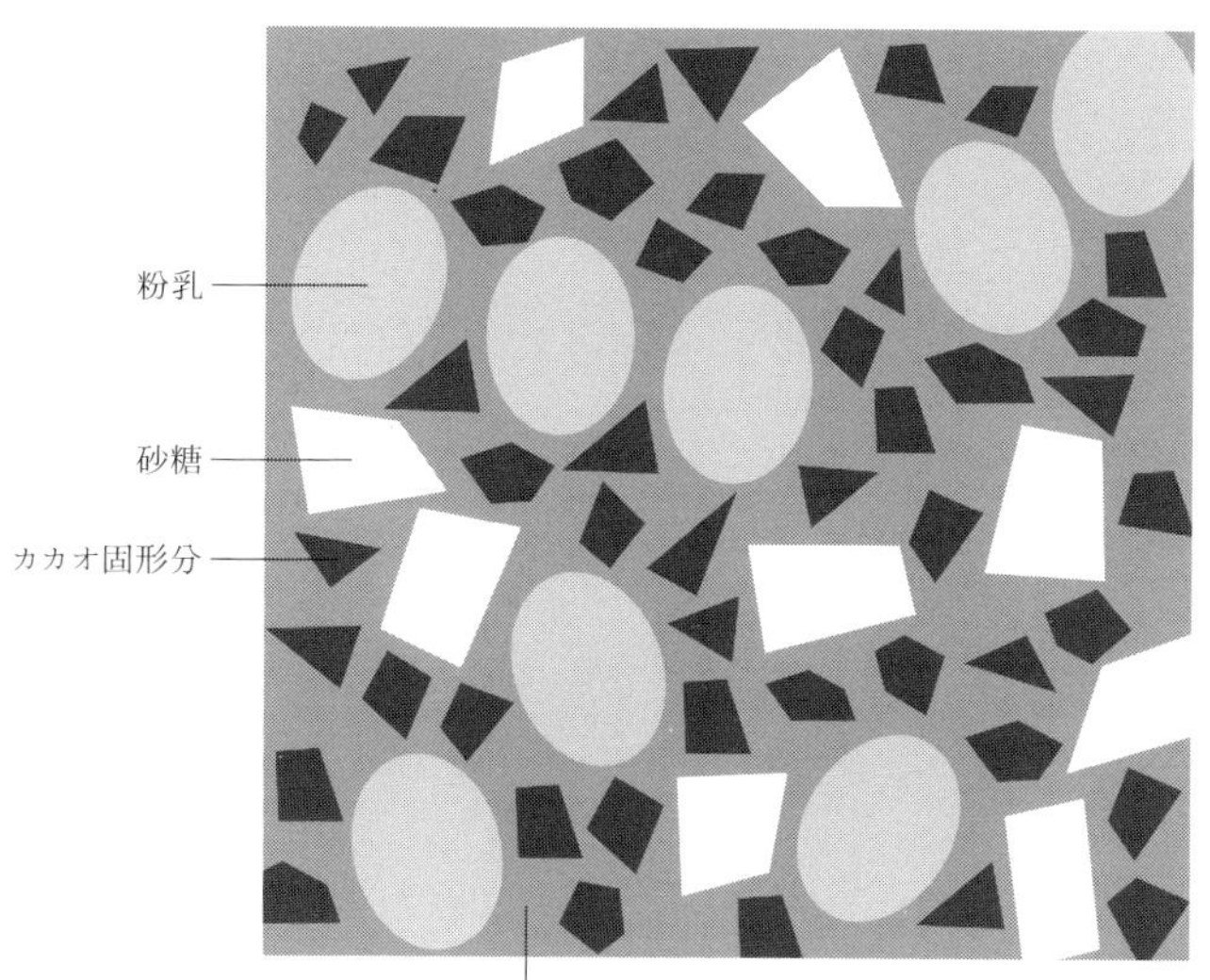

チョコレートの原料

混合の際に加える
主な原料を紹介します。

右…カカオマス　左…砂糖

カカオマス

チョコレートの風味を決定づける一番重要な原料。配合量を増やすことでカカオ由来の風味（苦み、渋み、酸味、香り）を強くすることができるが、多すぎると刺激が強くなりすぎて、食べにくいチョコレートになってしまう。カカオの品種や生産地、加工法（発酵・乾燥・焙煎）により風味が異なってくるので、目的の風味に近づけるため、品質の選定やブレンドを行う。カカオマスにはいくつもの健康機能が報告されているカカオポリフェノールが多く含まれている。

砂糖

チョコレートに甘味を加える素材。カカオマス由来の苦みを覆い和らげる効果がある。一般的に多く使用される「蔗糖」はサトウキビや甜菜糖から製造されていて、カカオマスの香りを邪魔することなく素直に甘味を加えることができる。他にも砂糖より甘味の少ない「乳糖」や、独特の風味をもつ「キビ糖」、「黒糖」、「楓糖」などがある。虫歯菌の繁殖材料となりにくい「糖アルコール」などが使用されることもある。

乳

ミルクチョコレートをつくる際は、「全脂粉乳」、「脱脂粉乳」、「クリ

右…全脂粉乳　中…ココアバター　左…植物油脂

ームパウダー」などの乳原料が使用される。乳は雑味や酸味を包み、味をまろやかにし、その中でも乳脂肪はクリーミーな口どけと濃厚感を演出してくれる。カカオマスは水分をほとんど含まず、油脂分のココアバターが主成分なので、油と相性の悪い水分は混ぜることができない。そのため、牛乳や生クリームなどの水分が多い液体の代わりに、生乳から水分を取りのぞいて粉末状にした乳原料が使用されている。配合量を増やすことでミルクの風味が強くなり、尖りをマイルドにする効果があるが、よくも悪くもカカオの風味をも隠してしまう。

ココアバター

カカオマス中の油脂分。ほぼ無味無臭で、常温では固体だが、口に含むとすっと溶ける特徴がある。これはココアバターの融点が体温に近いという性質によるもの。加えることで、強すぎるカカオマスの風味を和らげる効果や、口どけをまろやか、クリーミーにする働きがある。カカオ豆の生産地によっても固さ（融点）が異なり、赤道に近い暑い国で収穫されたカカオ豆ほど、固く溶けにくい性質を持つ[五]。

植物油脂

ココアバター同様、ほぼ無味無臭の油脂で、アブラヤシやひまわりなどのカカオ以外の植物から絞りだされ、つくられている。ただし、由来

[五] もともとココアバター自体は植物であるカカオが栄養源として使用するためのもの。栄養として使用するためには液状である必要がある。赤道から離れた比較的温度が低い地域で育ったカカオは低い温度でも液体として存在する（融点が低い）ココアバターを含んでいる。

右…レシチン　左…バニラ

する植物や、精製方法によりそれぞれの融点は異なる。常温でもやわらかい油脂、オリーブオイルのように完全に液状の油脂、硬い油脂などもある。その硬さの違いを利用し、口どけを調整するために混合されることが多い。

レシチン

主に大豆などからつくられる乳化剤で、チョコレートの粘度を下げる働きがある。チョコレートの粘度が高いと作業上とても扱いにくいので、レシチンを加える必要がある。使用するときの添加率はおよそ〇・五%以下にとどまり、適量であればほとんど味に影響を及ぼさない成分である[六]。チョコレート製品に使用されている乳化剤の大部分はこのレシチンである。

バニラ

独特の甘い香りをもたらす原料で、カカオの雑味を隠す作用もある。産地や精製方法によって華やかな香りからスパイシーな香りまで様々な香りを持っており、チョコレートに特徴をつけることができる。日本ではバニラの風味がきいたミルクチョコレートが慣れ親しまれている。ストレートにカカオの風味を感じさせたいチョコレートには使用しない場合もある。

スプレードライとドラムドライ

世界的に見てもダークチョコレートやホワイトチョコレートに比べ、消費量の多いミルクチョコレート。原料として広く使われている全脂粉乳は生産地や牛の品種、餌、製造方法によっても風味が異なります。全脂粉乳の種類によってもミルクチョコレートの味わいは大きく変化するのです。

チョコレートに使う乳成分は水分を取りのぞいた全脂粉乳が主に使用されています。日本で多く使用する全脂粉乳は「スプレードライ」という方法でつくられています。生乳を熱風中に霧状に噴射し、瞬間的に水分を蒸発させて粉状の乾燥物を得る方法です。この方法は熱による香りの変化が比較的抑えられるのが特徴で、主に熱で傷みやすい素材で使われています。よって、スプレードライで製造された全脂粉乳は、まろやかな生乳の風味がストレートに感じやすくなります。スプレードライはその特徴を活かし、全脂粉乳以外にも、インスタントコーヒーやフルーツパウダーの製造などにも広く使われている技術です。

それに対してヨーロッパの一部の国やアメリカでは「ドラムドライ」という方法でつくられた全脂粉乳も多く使用されています。回転する過熱したドラム上に乳原料を薄く塗りつけて乾燥させたあと、粉砕して粉末状にする方法です。スプレードライと比べて熱がしっかりかけられるため、乳中のアミノ酸と糖類が反応してキャラメルのような甘く香ばしい香味が生まれるのが特徴です。ヨーロッパ製のミルクチョコレートを食べたことがある方は甘いキャラメルのような香りを強く感じた経験があるかと思いますが、その原因はこの乳原料の違いによるところもあるでしょう。

ミルクチョコレート一つをとっても国によって嗜好性が異なり、その風味も大きく異なります。様々な国のミルクチョコレートを食べ比べると、そのお国柄が見えて面白いでしょう。

[六] レシチンは動脈硬化予防などの効果を期待して、サプリメントとしても販売されている。

植物油脂の利用

植物油脂は口どけに特徴を与えるためによく使用されています。口に入れた瞬間にすっと溶けだすチョコレートは、ココアバターよりもやわらかく、融点が低い油脂を多く混合することで、ココアバターだけ使うよりも溶けやすいチョコレートができます。

例えばアイスなどに使用されているコーティングチョコレートも融点の低い油脂を使うことがよくあります。アイスを食べていると口の中も冷たくなってしまい、低温では普通のチョコレートは溶けにくく、口の中でゴリゴリと残ってしまいます。これを改善するために、低い温度でも溶けだすように、融点の低い油脂を加えることで、アイスとチョコレートの口どけの調和を生みだしているのです。逆に、暑い国々ではココアバターよりも融点が高く溶けにくい油脂を混合した、高い気温に耐えうるチョコレートが販売されています。

また、製菓原料として、調温（76頁参照）の必要のない「コーティング用チョコレート」が販売されています。ココアバターに似た硬さを持つ植物油脂を使用することで、ココアバターを扱う際に必要となる調温の工程を省くことができるのです。

私はチョコレートを極力シンプルな原料で仕上げたいと思っているので、植物油脂を使用する必要はありません。しかし、一概に植物油脂が悪いとは思っていませんし、「植物油脂はコストダウンのために加えられている粗悪な物質」という偏った情報には強い違和感を覚えています。確かに植物油脂のほうがココアバターよりも安い場合が多いですが、メーカーが食感や口どけを調整するためのノウハウとして研究し、使用しているということを知っておいても損はないでしょう。

ただし、日本のチョコレート規格では植物油脂の使用について現状で問題はありませんが、ヨーロッパなどの国際規格では植物油脂の使用は五％以下と定められているため、それ以上植物油脂を使用したものはチョコレートとはよべません。

ガナッシュ

ガナッシュとはチョコレートに生クリームを加えたものです。水分が多い原料はチョコレートには使用できないと説明しましたが、ガナッシュは例外。水分を多く含んでいる生クリームや洋酒、果物のピューレなどをチョコレートに無理やり混ぜ込み、乳化[七]させてつくるのです。

水と油は相性が悪いため、生クリームなどの成分を混ぜ込むと純粋なチョコレートのようにトロトロな状態にはならず、粘度が高くて流動性がなくなり、扱いにくい状態になります。同じように乳化してつくられるマヨネーズを例にあげればわかりやすいでしょう。マヨネーズの主な原料は液油(油)とお酢(水)で、どちらも常温でさらさら流れる液体ですが、それを混合・乳化させてできたマヨネーズは、粘度が高い半固形状となるのです。

ガナッシュはとてもデリケート。その水分の量と油の量のバランスがとても大切で、そのバランスを間違えてしまうと、たちまち水分が分離してしまいます。そのため、ガナッシュをつくる際はそのレシピと混合の方法が非常に重要です。水分を含むため、冷やしても食感はとても柔らかく、口の中ですっと溶けるチョコレートとなります。その特徴を生かし、ガナッシュはボンボンショコラ、トリュフチョコレートなどのセンター[八]、生チョコレートなどに使用されています。

私たちチョコレート技師は菓子の中でもチョコレートを「乾きもの」とよんでいました。その名のとおり、水分がほとんど含まれていないため、チョコレートは常温でも日持ちがするのです。ただし、ガナッシュは水分を含み、細菌類が繁殖しやすい環境となるため、日持ちがせず、冷蔵保管する必要があります。

ちなみにガナッシュは「間抜け」という意味を持っています。昔、見習いのパティシエが誤って牛乳をチョコレートに入れてしまい、「ガナッシュ(間抜け)!」と怒鳴られたことが今の名前の由来といわれています。

[七] 均一には溶解しない二液体の片方が、微粒子となってもう一方の液体中に分散し、均一な状態となる現象。

[八] チョコレートで覆われた内容物のこと。

微粒化

チョコレートをロールにかけている様子（表にでてきているのがチョコレートフレーク）／提供…ビューラー株式会社

副原料を混合したチョコレート生地（チョコレートドウ）を、このまま冷やし固めることもできますが、粒の食感が残り、口当たりはザラザラ、食感はサクサクで、滑らかなチョコレートとはいえません。分散している砂糖などの粒を、人間の舌が「粒」と感じられなくなる段階まで細かくしていく作業が「微粒化（リファイニング）」です。

微粒化を終えたチョコレートは、とろりとした滑らかな口当たりになります。そのためには粒の大きさ（粒度）を極端に小さくしなくてはいけません。具体的には約二十五㎛[九]まで細かくする必要があります。グラニュー糖と比べると、およそ十分の一〜二十分の一のサイズ。この程度の粒度が人間の舌でざらつきを感じなくなる大きさなのです。

微粒化の度合いによってもチョコレートの性質に変化があります。細かい中でも、粒度が比較的荒いチョコレートはもそもそした食感と、あっさりした味わいになります。粒が極めて細かいチョコレートは、舌に絡みつくような濃厚な口当たりとなるのです。粒の大きなかき氷と細かくふわふわのかき氷を想像すればわかりやすいかもしれません。この加減は好みになりますが、粒度を細かくするには手間と時間がかかり、作業効率は悪くなるため、濃厚なチョコレートにする方が骨折れ作業です。私が思うに、日本人は滑らかなチョコレートを好む傾向にあります。それを反映してか、日本のお店に並ぶ板チョコレートは世界的に見ても非常に細かい粒度となっています。

リファイナーのしくみとチョコレートの変化

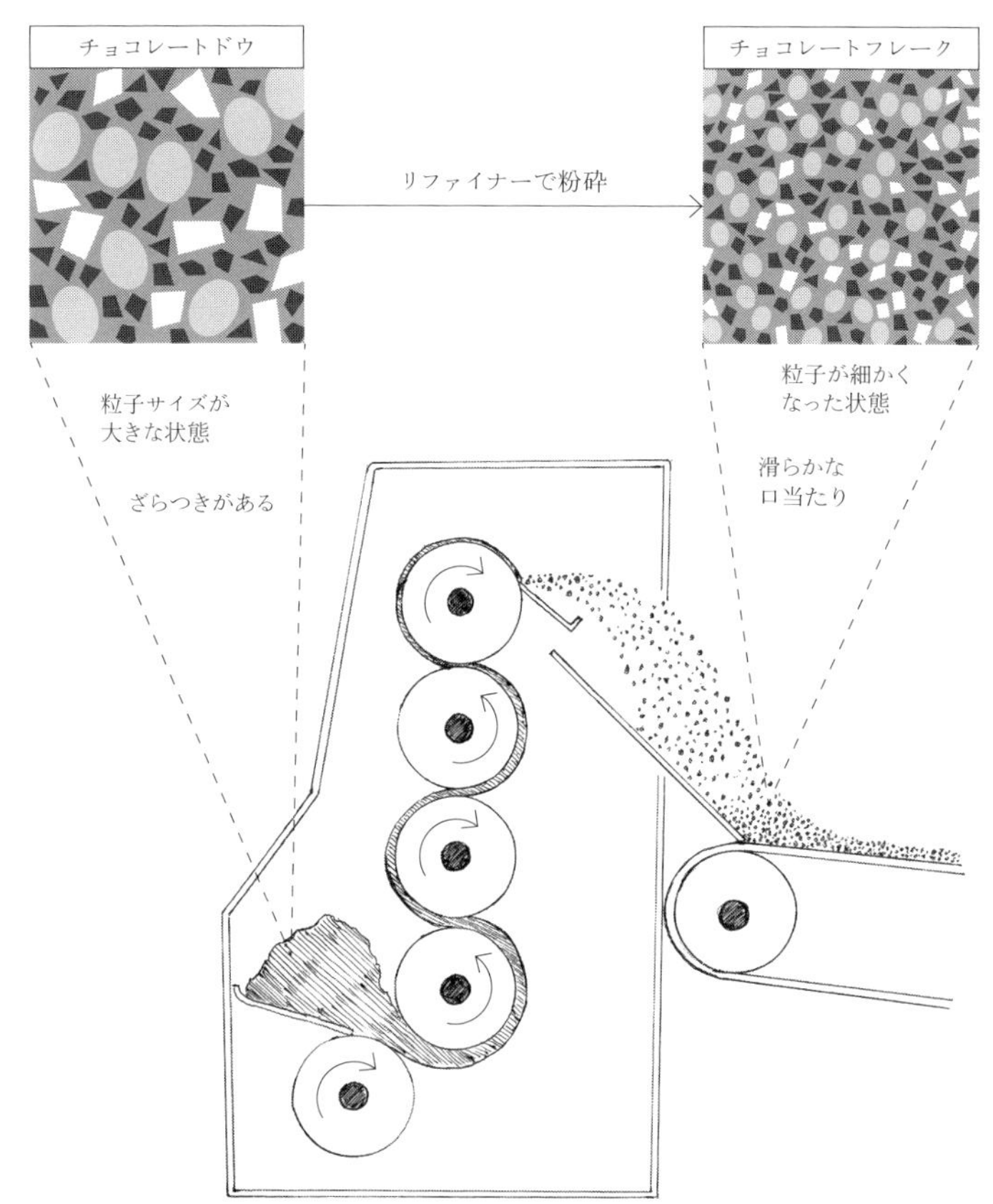

［九］一μmは一mmの千分の一。

ヨーロッパの熟練のチョコレート技術者に日本の粒の細かいチョコレートと、自国のチョコレートを食べ比べてもらった経験がありますが、あまり違いがないという答えが返ってきました。ただ、これを日本の人々に食べてもらうと明らかに違いを感じるとの答えが返ってくるのです。もしかすると日本人の舌がとても繊細で、世界的に見ても粒度に対する感度が非常に優れているのかもしれません。

大手メーカーでは鋼鉄でできた巨大なロールで混合したチョコレート生地を押しつぶして微粒化を行います。圧力がかかり、ほとんど隙間のない回転しているロール同士の間にチョコレート生地を通し、その圧力で徐々に押しつぶしながら細かくしていく機械です。

微粒化により、砂糖などの粒度は極端に細かくなり、表面積も著しく大きくなっていきます。それにより油脂分は砂糖などの粒子を覆いきれなくなり、ペースト状だったチョコレート生地は、サラサラしたフレーク状に変化します。小規模なメーカーでは、電動の石臼によってすり潰す「メランジャー」という機械で微粒化を行う場合があります。作業方法は異なっても、圧力をかけて粒子を細かくする仕組みに変わりはありません。

精錬

粒子を細かくしたチョコレート生地をさらに長時間練り上げ、最終的な風味を調整する作業が「精錬（コンチング）」です。精錬は大小さまざまな形の「コンチェ」とよばれる機械で行われます。「コンチェ」という名前は、発明された当時の機械の風貌が西インド諸島で獲られるコンチという貝の形に似ていることから名付けられました。精錬は長時間にわたり、最新機器でも十時間以上はざらで、旧式の機械では七十二時間に及ぶ場合もあります。

長い時間にわたり、力と熱をかけながらチョコレート生地を練り続けることで、残っている雑味を飛ばし、風味を向上させます。精錬は大きく「ドライコンチング」と「リキッドコンチング」の二つの工程にわけられます。

初期段階に行われるのがドライコンチング。チョコレート生地に含まれているカカオの不快臭や雑味を除去し、わずかに含まれている水分を飛ばす工程です。微粒化されたチョコレート生地はサラサラなフレーク状ですが、ここにココアバターなどの油脂を少量追加し、粘土のような状態にします。この適度に硬さがある状態にすることで効率よく圧力をかけ、空気を取り込みながら撹拌をすることができるのです。

精錬の第二段階がリキッドコンチングです。風味を向上させて、全体的に味をなじませる仕上げの工程です。ドライコンチングを続けていくと、練りの圧力によってチョコレート生地中の油脂分や、全脂粉乳中の油脂分が外ににじみでてきます。この油脂分により粘度はさらに下がり、バサバサな状態から再びトロトロで流動性があるペースト状に変化していきます。リキッドコンチングはこの状態で、熱をかけながら引き続き練り続ける作業で、チョコレート生地中のアミノ酸と糖類との間でメイラード反応をおこし、新たな香りをつくりだします。焙煎時にもカカオ豆由来のメイラード反応はおこっていますが、精錬では焙煎後に加えられた砂糖、全粉乳などが熱により反応をおこし、キャラメルのような甘い香りがつくりだされます。さらに、この新たな香りの生成と同時に、香りの成分が砂糖に吸着され、より一体感のあるまとまった味わいへと変化するのです。

味をまとめ上げる精錬ですが、長く行えばいいものではありません。とあるチョコレートショップで「このチョコレートは三日間もコンチングにかけた素晴らしいチョコレートです」と紹介を受けたことがありますが、一概に時間で良し悪しは判断できません。長い時間かけすぎると、雑味を揮発させると同時にカカオの香りも揮発してしまうのです。雑味を含めたカカオ本来の味わいを楽しめるようにと、精錬を行わないつくり手もいるくらいです。時間や熱のかけ方で最終的な風味も異なるため、やはり精錬も焙煎同様につくり手のノウハウがつまった工程なのです。

上…ドライコンチング中のチョコレートの様子／提供…ビューラー株式会社　下…リキッドコンチング中のチョコレートの様子／提供…ビューラー株式会社

調温

精錬を終えたチョコレートは滑らかで香りもよく、ほぼ完成している状態です。ただし、これを冷やし固めるときは「調温（テンパリング）」というチョコレート特有の温度を調整する作業が必要になります。

チョコレート中のココアバターは、冷えると様々な結晶の形となって固まります。結晶とは分子や原子が規則的に並んでできた状態であり、固まったときにどの結晶の形が存在するかによって、できあがりの品質が全く異なってしまうのです。

調温とはチョコレートの温度を調節しながら冷却し、ココアバターを安定した理想の結晶にする作業のこと。調温を行ったチョコレートは、固まった際に適度な硬さと表面の艶、そして滑らかな口どけが生まれます。調温を行わずに冷やし固めたチョコレートは、触っただけで溶けてしまったり、口当たりが悪く、ぼそぼそになってしまったり、表面が白く濁るブルーム現象[十]がおこったりと、様々な悪影響がでてしまうのです。調温の作業自体は単純ですが、その仕組みを説明するためには、さらに小難しい話をしなくてはなりません。

ココアバターは溶けた状態では分子が自由に動き回っていますが、冷やし固めると、少しずつ散らばっている分子が集まって結晶同士がそろっていきます。結晶の形はⅠ～Ⅵ型の六種類存在し、この結晶型は数字が大きいほど溶け始める温度（融点）が高くなります。例えば、Ⅲ型結晶は融点が二十五℃、つまり二十五℃で溶け始めますが、Ⅴ型結晶は融点が三十三℃で、体温近くまで温度が上がらないと溶け始めません。さらにⅥ型結晶では融点が三十六℃と高く、体温でもすぐには溶けだしません。また、数字が小さい結晶が集まったものほど隙間だらけの不安定な状態であるのに対し、数字の大きいⅤ型、Ⅵ型の結晶が集まったものは分子同士が密に、そして規則的に並んだ非常に安定した状態となります。Ⅰ~Ⅳ型などの不安定な結晶は時間とともに安定型の結晶へと自然に変化していきますが、調温はこの結晶型を制御して人為的に安定な結晶型にそろえる作業なのです。

　調温を行わずに固めた時は、どのようなことがおこるのでしょうか。例えば、溶かしたチョコレートをそのまま冷蔵庫で冷やし固めるとしましょう。冷蔵庫の中で温度が〇度近くまで下がっていくと、チョコレート中では融点の低い不安定な結晶がたくさん発生するため、固まったあとのチョコレートは手で触っただけで溶けてしまいます。また、それを長期間保存すると、不安定な結晶は安定型の結晶へと移行し、最終的に一番安定しているⅥ型結晶になります。ここでできる結晶は粗大なため、光の乱反射により表面が白く見えてしまい（ファットブルーム）、口の中でもなかなか溶けないモソモソした食感のチョコレートになってしまいます。夏場に一度溶けたあと、再度固まったチョコレートでも見られる現象です。溶けた状態でそのまま冷やし固めただけではチョコレートとしては粗悪になってしまうのです。

［十］脂肪の結晶が白い花のように見えることからブルーム（英語で咲くという意味）とよばれるようになった。

そこで調温作業です。安定的なV型結晶に人為的にそろえたチョコレートは分子が密に接し合い、敷き詰まった状態となるため、表面も艶がでて綺麗に見えます。また、密になることで、不安定な結晶の状態と比べると体積が縮まり、冷やし固めたチョコレートがモールド[十一]からはがれやすくなるという効果もあります。同じ理由で食感も硬く、スナップ性[十二]がよくなります。V型結晶の融点が体温よりやや低めの三十三℃なので、硬さはありながらも口に含むとすっと溶けるチョコレートとなるのです。

実際に行う調温作業は、まずチョコレートを四十～五十℃まで温め、ココアバター中の結晶をすべて溶かしきるところから始まります。結晶がすべて溶けきっている状態にしたあとに、二十六～二十八℃の温度帯まで冷却することで、安定的なV型結晶を発生させます。多少Ⅳ型結晶も発生してしまいますが、Ⅰ～Ⅲ型の不安定結晶は融点が二十六℃以下であるため、それよりも温度が高い状況では結晶にはなりません。その後、チョコレートを撹拌しながら三十～三十一℃に温め直します。そうすると、わずかに存在していたⅣ型結晶は溶けてしまい、もしくは撹拌によりV型結晶への変化が促進され、安定的なV型結晶のみが残ります。このV型結晶のみが存在している状態で再度冷却すると、V型結晶が「核」となって同じ結晶型が全体的に広がり、安定的な結晶状態となるのです。

ココアバター結晶型と融点

結晶型	融点(℃)
Ⅰ	16〜18
Ⅱ	22〜24
Ⅲ	24〜26
Ⅳ	26〜28
Ⅴ	32〜34
Ⅵ	34〜36

テンパリング模式図

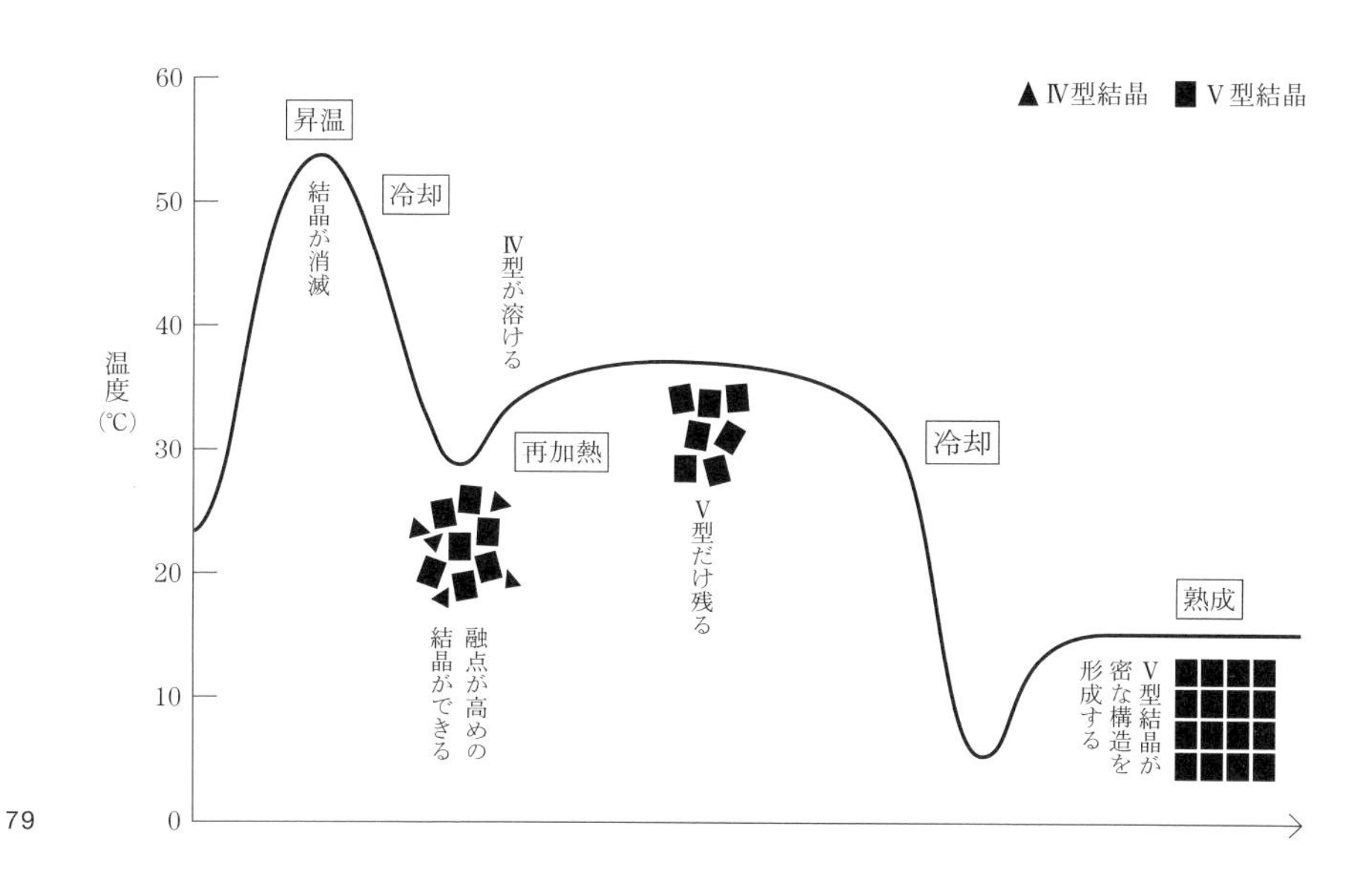

[十一] チョコレートを流し込んで冷やし固めるための型のこと。固まったあとは逆さにしてチョコレートをはがし取る。

[十二] ハリがあって、「パキッ」と割れる性質のこと。

一般的にはテンパリングマシンという機械でこの作業を行います。温度変化を機械で制御し、調温を自動的に行うものです。小規模でチョコレートをつくる時も、チョコレートコーティングなどチョコ菓子をつくる時も、もちろん調温は必要です。

冷えた大理石などの上にチョコレートを流して広げながら冷却する「タブラージュ法」や、ボウルを使って湯煎、冷煎して仕上げる「水冷法」が主に行われています。また、既にできたV型結晶を調温したチョコレートに加える「シード法」といった方法もあります。

調温後のチョコレートはモールドに流し込まれて冷却され、その後剥離、包装されて製品となります。ただし、この時点でテンパリングによる結晶化が完全に行われたわけではありません。まだ結晶化が広がっていない、スナップ性が弱いやわらかなチョコレートです。これを一週間以上熟成させることで結晶化が完全に行われ、ようやく私たちが普段口にするチョコレートとなるのです。

ココアパウダーとココアバター

お湯に溶かして飲むココアもチョコレート同様、皆さんにとって身近なものだと思いますが、ココアパウダーはどのようにつくられているのでしょうか。

ココアパウダーはチョコレートづくりと製法は異なるにせよ、同じカカオ豆からつくられています。まずは焙煎、摩砕を行ったカカオマスを高温・高圧にかけて油脂分を搾りだします。この油脂分がチョコレートの原料としても使用されているココアバターです。搾油後は搾りかすの「ココアケーキ」という塊が残り、これを粉砕して粉末状にします。この粉末こそがココアパウダーなのです。

ココアパウダーの大きな特徴は何といっても水への溶けやすさ。油脂分が搾りだされて少なくなっているため、水や牛乳となじみやすいのです。ただ、ココアパウダーはカカオマスが一度高温・高圧にさらされてできているため、カカオ本来の香りは変化してしまい、独特の過熱香、いわゆるココア臭を持ちます。それに対してカカオマスやチョコレートをお湯やミルクに溶かしたホットチョコレートは水や牛乳と混ざりにくいですが、カカオ本来の風味特徴がでやすく、油脂分を多く含むため濃厚感がある飲料になります。チョコレートドリンクとココアはどちらにも一長一短ありますが、一杯一杯抽出してつくられたコーヒーと、インスタントコーヒーとの関係によく似ているといえるでしょう。

ココアバターもチョコレートづくりにはとても大切だということはすでに述べたとおりです。口に含むとすっと溶けるのは他の菓子にはないチョコレートの大きな魅力の一つですが、これはチョコレート中の油脂分であるココアバターの性質によるもの。常温で液体のオリーブオイルや、半固形のバターなどに対して、ココアバターは常温では完全な固体でありながら、体温付近で一気に溶けて液状になるという特徴を持っています。この性質から、チョコレートにはもちろん、肌になじませる化粧品やスキンケア用品に使用されたり、昔は座薬や軟膏などにも利用されたりしていました。

主要国別チョコレート生産量（二〇一三年）

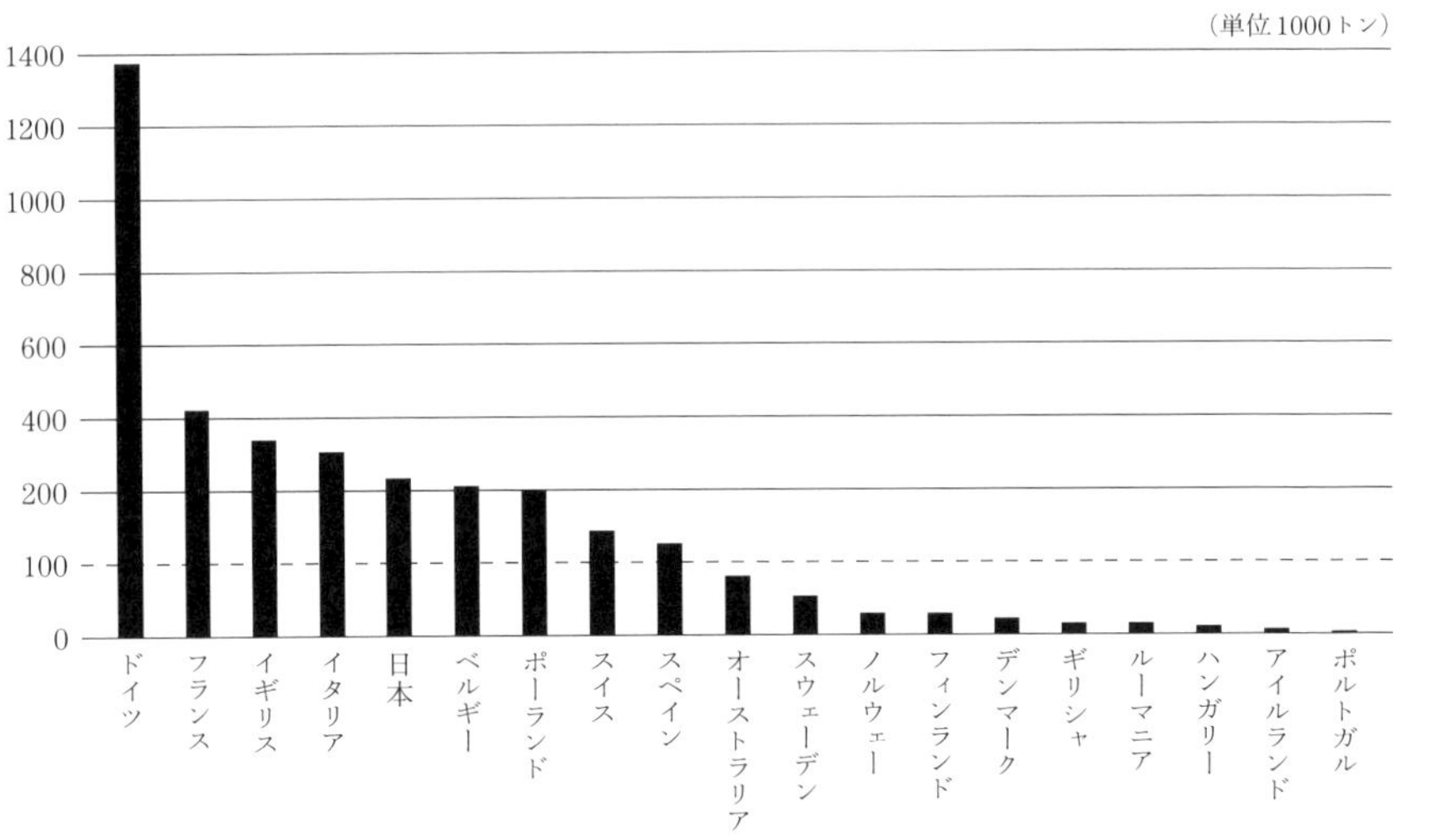

主要国別一人当たりチョコレート消費量（二〇一三年）

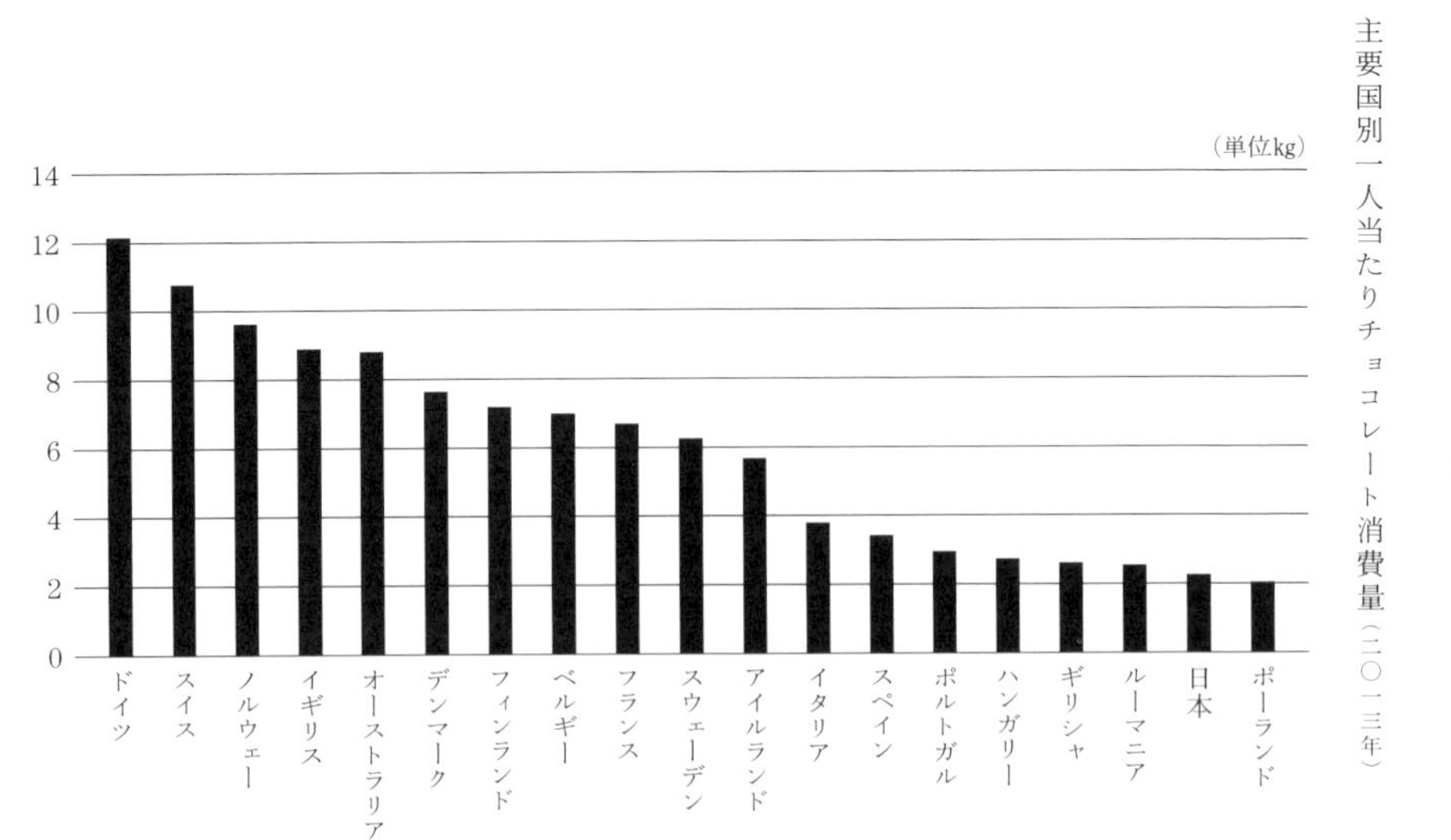

焙煎したカカオ豆、カカオニブ、
シェル

上…焙煎後粉砕して得られたカカオニブ　下…調温を終えたチョコレート　左頁…熟成を終えたチョコレート

19世紀後半のチョコレート製造機器（Brockhaus's encyclopedia）／出典…Morton and Frederic Morton, CHOCOLTE (New York, Crown Publishers, Inc., 1986) , p74

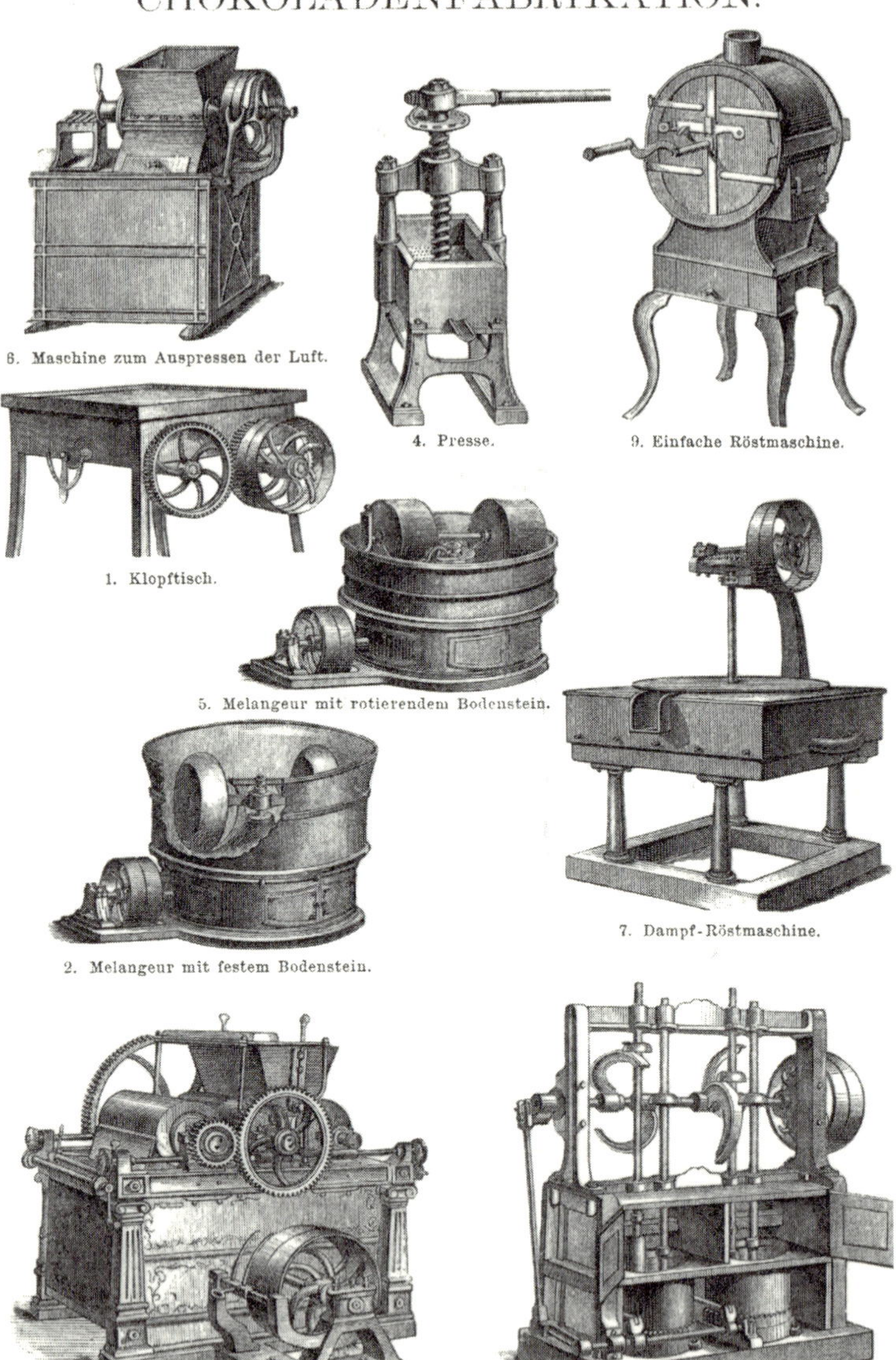

3章

カカオの伝播とチョコレートの歴史

人々を魅了してやまないチョコレート。その歴史は古く、起源は三千五百年以上も前にさかのぼります。

コーヒーや紅茶が飲まれるようになるはるか昔から、人はカカオと密な関わり合いを持っていたのです。

洋菓子のイメージが強いチョコレートですが、もとをたどれば、我々と同じモンゴロイド系の民族がカカオ飲料を愛飲していました。そこから長い時間をかけて様々な文化と融合し、現在の形に至るのです。

チョコレートはどのような歴史をたどり、どのように人類と関わってきたのでしょうか。

カカオ豆の伝播

古代メソアメリカ人によって中米のメキシコや
グアテマラを中心として栽培されていたカカオ。
ヨーロッパ人が侵入し、チョコレートの消費が拡大すると、
ヨーロッパ諸国は自国植民地でのカカオ栽培を始め、
南米、カリブ海諸国や東南アジアへ栽培地が広がります。
その後、さらなるチョコレート消費量の増加に応じて、
ブラジル、ガーナ、コートジボワールなどの
西アフリカ諸国で生産性のよい
フォラステロ種が栽培されるようになりました。
現在ではその西アフリカ諸国が
カカオ生産量の多くを占めています。

1900
1560

紀元前〜	中南米にて、自生していたカカオの栽培地が広がる
1528	スペインにカカオが持ち込まれる
1560	南米、インドネシアへカカオ栽培が広がる
1590〜	西欧にてチョコレートが浸透し始める
1607	ベネズエラからカカオ豆が出荷
1635〜40	カカオ栽培がジャマイカ・ドミニカ共和国に広がる
1640年代	エクアドルにてカカオが栽培
1727	カリブ海のカカオ農園が全滅
1746	ブラジルにカカオを移植
1822〜	コートジボワール、カメルーン、コンゴなどでカカオ栽培が広がる
1830〜	ガーナ、ナイジェリアなどで栽培が広がる
1900〜	マダガスカルにカカオ栽培が広がる

1590〜1750
1528
1822〜1907

チョコレートの伝播
カカオ栽培の伝播

カカオ・チョコレート年表

紀元前 中米オルメカ文明にてカカオの栽培が始まる

1492年 コロンブスがアメリカ大陸（現在のハイチ）を発見する

1502年 コロンブスがグアナファ島にてカカオ豆と出会う

1519年 コルテスがメキシコ東岸に到着
アステカの首都テノチティトランでカカオ豆、チョコラトルと遭遇

1521年 コルテスがアステカを制圧

1525年 スペイン人によってトリニダット島にてカカオ栽培が始まる

1528年 コルテスがカカオ豆をスペインに持ち帰る

1543年 コペルニクス「地動説」発表。ポルトガル人、種子島に渡航

1554年 コンスタンティノープルに最初のコーヒーハウスができる

1606年 アントニオ・カルロッティがスペインから
イタリア、フィレンツェにホットチョコレートを持ち帰る

1615年 スペインの王女アナがフランス王ルイ13世と結婚し、
フランスにカカオが伝わる

1657年 フランス人により、ロンドンに最初のチョコレートハウスが開店

1639年 江戸幕府が鎖国令を発布

1649年 清教徒革命

1660年 ルイ14世がスペインのマリア・テレサと結婚する

1665年 ニュートン「万有引力の法則」を確立

1185年～ 鎌倉時代
1336年～ 室町時代
1573年～ 安土桃山時代
1603年～ 江戸時代

1688年 イギリス名誉革命

1753年 植物学者リンネがカカオの学名を「テオブロマ・カカオ」と命名する

1769年 イギリス産業革命

1776年 アメリカ独立宣言

1789年 フランス革命

1800年 『長崎聞見録』にて「しょくらとを」の記載

1826年 ブリア・サヴァラン『美味礼讃』を出版

1828年 ヴァンホーテンがココアパウダー製造技術を発明する

1847年 フライが固形チョコレートを発明する

1853年 ペリー、浦賀に来航

1861年 アメリカ南浦区戦争

1868年～ 明治時代

1873年 岩倉使節団がフランスのチョコレート工場を視察する

1875年 ペーターがミルクチョコレートを発明する

1878年 日本で初めてチョコレートが販売される

1879年 リンツがコンチング技術を発明する

1894年 日清戦争

1900年 ハーシーがチョコレートの大量生産法を発明する

1912年～ 大正時代

1914年 第一次世界大戦

1918年 日本で初めてカカオ豆からチョコレートの一貫製造が開始される

1920年頃 テンパリング法の開発が始まる

1926年～ 昭和時代

1939年 第二次世界大戦

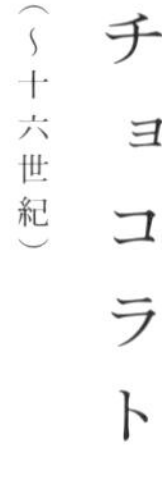

チョコラトル

（〜十六世紀）

メタテとマノを使用してカカオ豆をすり潰す様子

チョコレートの起源は、カカオ豆を使った飲み物である「チョコラトル」です。現在でこそチョコレートといえば固形の食べ物ですが、もとは飲み物として口にされていました。チョコラトルは、西暦二五〇年頃からユカタン半島にて栄えていたマヤ文明や、十五世紀から十六世紀までメキシコ中央部で栄えていたアステカ文明で愛飲されていました。マヤ、アステカ文明は南米インカ帝国と合わせて、中南米の三大古代文明といわれており、多くの謎と伝説に満ちた文明です。チョコラトルについても同様、今なおたくさんの謎が残されています。

当時の中南米にはまだ砂糖はありませんでした。チョコラトルは現在のチョコレートとは全く異なり、甘味がなくとても苦い、時として冷たい飲み物だったのです。これだけ聞くと、あまり美味しそうな味を想像できないのではないでしょうか。当時チョコラトルを味わったイタリア人が「人間のためというよりも豚のための飲み物」と記していることからも、皆さんの想像通りなのかもしれません[一]。

では、そのチョコラトルのつくり方を詳しく説明しましょう。まず焙煎したカカオ豆を「メタテ（挽き石）」と「マノ（石杵）」とよばれる道具で細かくすり潰します。両手でメタテを持ってマノの上に置いたカカオ豆をゴリゴリと押し潰すことで、次第にカカオに含まれる油脂分がにじみでて、ペースト状となっていきます。これは2章で説明したいわゆる「摩砕」（60頁参照）の作業です。その後、できたペーストを水とし

マヤ古典期のツボに描かれた宮殿の場面。泡立つチョコラトルに王が手をかざしている／Photograph © Justin Kerr

っかりかき混ぜて液状にします。マヤ文明においてはお湯を使用していたそうですが、アステカ文明では水を使用していたことがわかっています。さらに、苦みの強い状態のものを飲みやすくするために、焼いたトウモロコシの練り粉やはちみつ、バニラ、トウガラシなどの香辛料を加えて味を調えていました。アチョーテ（食紅）などを加えて色をつけたり、花弁を入れたりすることもあったようです。そして最後に、この液を二つの容器間で高い位置から何度もつぎかえてよく泡立たせ、チョコラトルの完成です。当時重要とされていた泡立てる作業ですが、日本の抹茶にも共通点を見ることができます。空気を含ませることで、口当たりをまろやかにし、飲みやすくしていたのでしょう。また、泡立てる際に空気と触れさせることで、渋みのもとになるポリフェノールを重合（変化）させ、渋みを低減させていたとも考えられています。ビールの泡やエスプレッソのクレマ[二]のように、香りを閉じ込め、風味を維持する効果もあったのかもしれません。いずれにせよ、苦く、飲みにくいものを、より飲みやすくなるように、当時も理にかなった調理を施していたのでしょう。古代文明というと、荒々しく、野性的な調理の仕方を容易に想像してしまいがちですが、甘味が少ないとはいえ、調理法、レシピが多様に残るチョコラトルは、とても美しく、繊細な飲み物だったに違いありません。

当時のチョコラトルは滋養強壮にいいとされたある種の健康飲料でし

[一] ジロラモ・ベンツォーニ（一五一八～一五七〇）が二十二歳から十五年間新大陸を旅して、そこでの多くの記録を「新世界の歴史」に書き記している。

[二] エスプレッソの液面に浮かぶキメ細かい泡のこと。

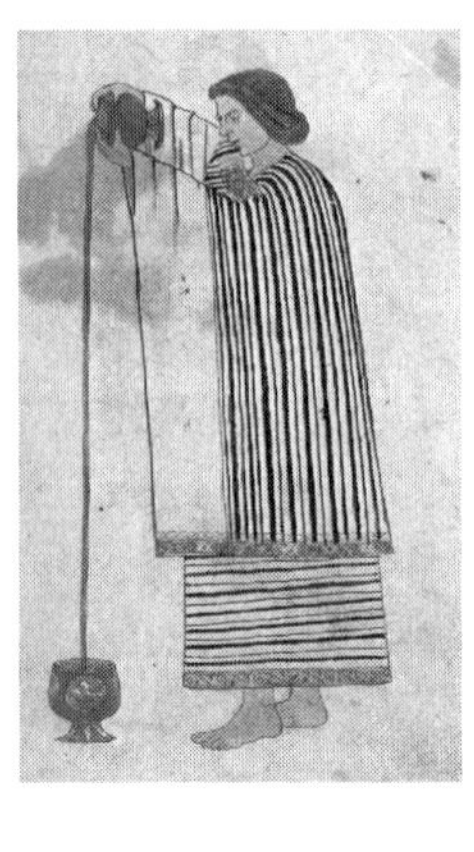

高いところから注ぐことで泡を立てている様子（16世紀 トゥデラ絵文書）／出典…Maricel E. Presilla, The New Taste of Chocolate: A Cultural & Natural History of Cacao with Recipes (California, Ten Speed Press, 2009), p21

た。現代でこそチョコレートの健康機能[三]がいくつも報告されていますが、当時の人々はすでに身を持ってその恩恵にあずかっていたのでしょう。ただ、原料となるカカオ豆は栽培地が限られていたため、とても貴重な飲み物でした。そのため、当時チョコラトルを飲んでいたのは、王族、貴族、戦士、長距離交易商人など、一部の特殊な身分の人々に限られていました。現在のチョコレートとは異なり、特別な嗜好品だったのです。

また、チョコラトルは、神聖な飲み物として、王家の式典、結婚、葬式、宗教儀式でも使用されていたことがわかっています。カカオポッドの形が心臓に似ていることから、チョコラトルが血や心臓と例えられて儀式で使用されることもあったようです。

さらに面白いことに、当時のカカオ豆は貨幣としても使用されていました。一般人にとっては一番身近な用途であったといえるでしょう。とても貴重な収穫物だった上、腐りにくく、簡単につぶれたりしない大きさと堅さが便利だったことから貨幣利用されていたと考えられています。国・地域や時代によってもカカオの貨幣価値はまちまちですが、カカオ豆一粒でトマト一個、三十粒でウサギ一匹、百粒で雌の七面鳥、よく働く運搬人夫の日給が百粒、といった具合で取引されていたようです。現代でいえば、ビターチョコレート一枚でウサギが買えるくらいの価値になります。それだけカカオ豆は貴重だったのです。

カカオ栽培の起源

カカオ豆と人類の関わりは紀元前二千年頃から紀元前後にかけて、中央アメリカで栄えたオルメカ文明の時代から始まっていたと考えられています。

アメリカ大陸で最も初期に生まれたとされるオルメカ文明は、メキシコ湾に面したベラルクス州南部からタバスコ州北部にかけての高温多湿の低地で栄え、そこには肥沃な大地が広がっていました。この豊かな土地でオルメカ人が最初にカカオの木を栽培していたようです。現在もメキシコのタバスコ州はカカオの名産地として繁栄しています。

「カカオ」という言葉も、このオルメカ文明のミケ・ソヘ語族がこの豆を「カカウ」とよんだことが語源といわれています。

チョコレートの語源

マヤ文明ではカカオ豆を使用した飲み物を「チャカウ・ハー（チャカウ…熱い、ハー…水）」、アステカ文明では「カカワトル（カカワ…カカオ、アトル…水）」とよんでいました。

「チョコラトル（chocolatol）」の語源は、マヤ族の「チャカウ」とアステカ族の「アトル」を組み合わせた説が有力です。これが後の「チョコレート（chocolate）」につながっていったと考えられています。

マヤ文明におけるカカオを表す絵文字／出典：Sophe D. Coe and Michael D. Coe, The True History of Chocolate (3rd ed., London, Thames & Hudson, 2013), p45

[三] 現在はカカオ・チョコレートの科学的な研究が進み、いくつもの健康機能が報告されている。チョコレートに含まれるカカオポリフェノールには動脈硬化やがんを防ぐ働きや、抗ストレスの効果などが確かめられている。チョコレートの香りにも集中力や記憶力を高める機能が報告されている。

ホットチョコレート

（十六世紀〜）

タイル壁板に描かれたホットチョコレート（18世紀初頭、スペイン・バレンシア地方）／出典…Sophie D. Coe and Michael D. Coe, The True History of Chocolate (3rd ed., London, Thames & Hudson, 2013), p92

十五世紀半ばになると、ヨーロッパの国々は世界に船をだし、大航海時代が始まります。インド・アジア大陸・アメリカ大陸などへの植民地主義的な海外進出が行われたのです。そんな中、アステカ帝国やマヤ文化圏であったユカタン半島はスペインによって征服されてしまいます。ここで初めてヨーロッパ人がカカオと遭遇し、古代メソアメリカとヨーロッパの文化、食材、技術が融合し、チョコラトルは「ホットチョコレート」へと変化を遂げていったのです。

特に大きな変化は、砂糖を使用するようになり、甘い飲み物となったことでしょう。それまでの甘味がなかったチョコラトルはヨーロッパの人々にとって、ひどくまずい飲み物でした。そこで、彼らはチョコラトルに自国から持ち込んだ砂糖を加え、甘い飲料へと昇華させたのです。また、アステカ族の間では冷たいチョコラトルを飲むことが習慣になっていましたが、この時代になるとスペイン人の嗜好性が伝播し、温かいチョコレートが好まれるようになっていきます。風味付けのために使用していたスパイスも、チリなどに代わって、シナモン、アニスといったヨーロッパで馴染みのある香辛料が使用されるようになりました。

マヤ・アステカ文明のチョコラトルは、容器間で高い位置から移し合って泡立てていましたが、この泡は、ホットチョコレートとして引き続き重要視されていきます。いかによく泡立てるかが、美味しいホットチョコレートづくりに欠かせない要素だったのです。その方法は、原始的な泡立て式から、「モリニーリョ」とよばれる泡立て棒を両手でかき回すことで、効率よく泡立てる方法に取って代わっていきました。

味やつくり方の変化に加えて、スペインの征服による支配体系の崩壊やカカオ農園の増加、そして新たなカカオ豆の販路がつくられたことなどにより、それまで特別な身分の人々しか飲むことができなかったホットチョコレートは中南米で徐々に庶民の間にも普及していきました。

ちなみに、初めてカカオ豆と出会ったヨーロッパ人は、アメリカ大陸を発見した、クリストファー・コロンブス。一五〇二年の第四回目の航海で訪れたホンジュラス沖のグアナファ島だったといわれています。ただし、コロンブスは現地のマヤ人によってカカオ豆が積まれた船にでくわしてはいるのですが、それを口にすることはなく、この発見に興味を示さずに航海を続けたようです。その後、一五一九年にスペインのフェルナンド・コルテス[四]は数百人の兵士を率いてアステカ帝国に侵入し、黄金の都、テノチティトランに到着します。そこで当時のアステカの王、モンテスマがチョコラトルを愛飲している場面に立ち会いました。このコルテス一行がカカオ豆とチョコラトルについての情報を初めてヨーロッパに持ち帰ったとされています。このようにして、十六世紀後半にはホットチョコレートがスペインに浸透し、十七世紀にかけてヨーロッパ諸国へと普及していくのです。

それまでヨーロッパでは誰も知らなかったホットチョコレートの味は

[四] フェルナンド・コルテス（一四八五〜一五四七）カカオの発見者といえば聞こえがいいが、白人入植者たちに奴隷のように使役されるという状況に置かれた先住民にとっては、恐るべき征服者であり、コルテスの行為は文化破壊行為として受け取られることもある。

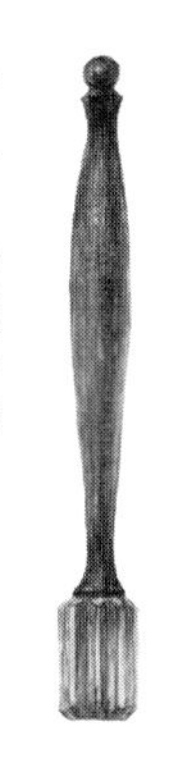
モリニーリョ（泡立て棒）

ホットチョコレートを飲む若い婦人（ジャン＝エティエンヌ・リオタール）／出典…Sophie D. Coe and Michael D. Coe, The True History of Chocolate (3rd ed., London, Thames & Hudson, 2013), p202

当時の人々をまたたく間に夢中にさせていきます。

ヨーロッパでカカオ豆を初めて手に入れたスペインでは、貴族や聖職者などの富裕層の間でホットチョコレートが普及しました。当時高価な到来物であるカカオを楽しむことができるのは、やはり一部の人々に限られていたのです。また、固形物を摂ることが禁じられていた断食中の修道僧にとっては、栄養価が高いホットチョコレートは格好の飲み物であり、宗教面でも大いに活用されていました。このように、ホットチョコレートは健康的で美味しい飲み物として受け入れられていきます。この特権はその後約百年にわたり、国内の秘密の嗜好品として、スペイン国外に流出することはありませんでした。

スペインの密かな贅沢品であったホットチョコレートは、一六〇五年にスペイン宮廷につかえていたイタリア人、アントニオ・カルロッティによってイタリアへ、一六一五年に当時のスペイン王女アナがフランスのルイ十三世と結婚したことで、フランスに流出します。さらに一六六〇年、大のホットチョコレート好きといわれていたスペインのマリア・テレサがフランスのルイ十四世と結婚したことで、ホットチョコレートがフランス宮廷の女性たちの間にすっかり浸透していきました。彼女たちはポットやカップにこだわり、次第に専用のチョコレートポットと取っ手のついたチョコレートカップ[五]でホットチョコレートをたのしむようになります。当時のフランスでは、カカオ豆の加工、販売の

チョコレートの製造工場の様子（ディドロ、ダランベール『百科全書』）／出典…Morton and Frederic Morton, CHOCOLTE (New York, Crown Publishers, Inc., 1986), p48

独占権が設けられ、特定の業者しか取り扱えずにいたため、依然価格は高いままでした。そんな中、一六九三年にカカオ豆の取引、チョコレートの製造販売が自由化され、市民層にも広くチョコレートの味が広がることとなります。これによりホットチョコレートの需要は拡大し、カカオ加工を専門とする職人も増加していきました。

オランダ、イギリスなど、北西ヨーロッパの国々では、カカオ豆の加工に近代的技術が導入され、食品としての価値が高められていきます。交易の拠点となった港には加工工場が増え、動力も風力、水力、蒸気エンジンなどが使われるようになります。

十七世紀半ばになると、ヨーロッパの市民階級が台頭し、貴族階級のお茶をする嗜みが徐々に一般化していきました。市民の情報交換の場としてコーヒーハウスが広がっていったのと同様に、ホットチョコレートをたのしむことができるチョコレートハウスが人々に浸透していき、消費量も増えていきました。

ホットチョコレートのレシピも、チョコラトル同様、様々な地域、文化で独自の配合が開発されていきました。焙煎し、すり潰したカカオ豆に、シナモン、バニラ、アーモンド、またはバラを加えるなど、様々なレシピが残っています。

［五］
ヨーロッパでは、新奇な飲料であるチョコレートは専用のカップは存在しなかった。ただし、ガラスの杯やビールジョッキなど、取っ手のある飲食器は早くから存在していたため、自然と「碗」が「カップ」へと飲み方と共に変化していった。これは同時期にヨーロッパにもたらされた「茶」や「コーヒー」も同様である。

ココア（一八二八年）

クンラート・ヴァンホーテン

カカオ豆がヨーロッパに持ち込まれてから三百年余りたったあと、私たちが飲んでいるようなココアが誕生します。本来水と油は相性の悪い成分なので、当時ホットチョコレートをつくる際もとてもつくりにくい飲み物でした。そのため、時として表面に浮いた油をすくい取ったり、脂肪の分離を防ぐために、でんぷんや小麦粉、糖蜜などの粉末でとろみをつけたりして飲まれることもあったようです。

そんな中、一八二八年、革新的な技術がオランダで考案されます。カカオから油脂分（ココアバター）だけを取りのぞく「脱脂」と、カカオの酸味、渋みをマイルドに和らげる「アルカリ処理」が発明されたのです。この技術により生みだされたのが、お湯に溶けやすいカカオ粉末、我々がよく知っているココアパウダーです。

ココアパウダーは、胡麻油を胡麻から搾りだすように、カカオマスに圧力をかけて搾り取ることで得られます。今でこそ大型の機械を使用して高圧がかけられますが、当時は人力でココアバターを搾りだしていたというから驚きです。その後、風力や蒸気エンジンが使われるようになり、五十％強のココアバターが含まれているカカオマスを二十八％程度まで下げることができるようになりました。水分と相性の悪い油脂分が低減し、細かい粒子状になったココアパウダーはお湯に格段に溶けやすくなったのです。また、カカオは発酵時に生成される酢酸や乳酸により化学的に酸性で、酸味や渋みが強く残っていますが、アルカリ塩を加え

ココアバターを人力で搾り取る様子／所蔵…ウェースプ博物館　出典…Sophie D. Coe and Michael D. Coe, The True History of Chocolate (3rd ed., London, Thames & Hudson, 2013), p235

ることにより、酸が中和され、味はマイルドに、色調は鮮やかに、そして、水やミルクとの親和性が改善されました。

この一大発明により、溶けやすくなったカカオ豆の加工品であるココアパウダーを溶かした「ココア」が人々の間で楽しまれるようになりました。ココアの開発により、チョコレートが飲み物としてさらに飲みやすく、そして売りやすくなったのです。

ココアを開発したのは、当時カカオ豆の加工品の製造・販売を行っていたヴァンホーテン父子。チョコレート好きの方ならばその名を知っているかもしれません。彼らは風車が発達したオランダで、大型の石臼を使って焙煎したカカオ豆を挽き、固形に固めて販売する事業を行っていましたが、そんな中、父親のカスパルス・ヴァンホーテン（一七七〇～一八五八）がココアバターを搾りだす脱脂技術を、その後、息子のクンラート・ヴァンホーテン（一八〇一～一八八七）がアルカリ処理の技術を発明したのです。現在、ヴァンホーテンのチョコレート会社自体は残っていませんが、彼の名前を冠したココアは今なお世界中の人々に愛飲されています。

固形チョコレート

（一八四八年）

ジョセフ・フライ

当時飲み物だったチョコレートですが、一八四八年に、イギリスのジョセフ・フライ（一八二六〜一九一三）が初めて固形チョコレートをつくりだしました。彼はヴァンホーテンとは逆の発想で、ココア生産時の副産物にしかすぎなかったココアバターをカカオマスにさらに加えることで、固形のチョコレートを製造する技術を開発したのです。ココアバターを追加することで、より多くの砂糖を練り込めるようになり、苦味が低減して風味が改善されました。現在のような口に含むとゆっくり溶けていく性質をもつチョコレートです。さらに、型に入れて成型することにより、さまざまな形状のチョコレートが生みだされるようになったのです。

フライ社は世界で初めてこの固形の板チョコレートを販売します。当時の製品名は「Chocolat Delicieux a Manger」。そのまま訳すと「食べるチョコレート」です。この製品名からも当時の固形チョコレートの斬新さがうかがえます。この開発を皮切りに、各地でチョコレート製造が活発化していきました。

固形チョコレートがつくられるようになり、ココアバターの需要が増えると同時に、カカオマスからココアバターを搾油してできるココアの需要も拡大していくこととなります。

ミルクチョコレート

（一八七六年）

ダニエル・ペーター

現在ではごく当たり前につくられているミルクチョコレート。ミルクのまろやかな風味とカカオマスとの相性は何ともいい難い心地よさを持っています。そんなミルクチョコレートは牧畜の盛んなスイスで発明されました。元々蝋燭職人をしていたダニエル・ペーター（一八三六〜一九一九）がその開発者です。

当時ホットチョコレートにミルクを使うことは一般的となっていましたが、固形のチョコレートにミルクを入れるためには大きな課題がありました。油脂が主成分のチョコレートには水分が多い生乳を混ぜると、菌が繁殖して日持ちがしない上、粘土のようにぼそぼそと流動性がなくなってしまうのです。

はっきりした方法はわかっていませんが、彼は濃縮ミルクを加えたあとに長時間温めながら混ぜることで、乳中の水分を蒸発させて、ミルクチョコレートをつくりあげたといわれています。また、一説には、彼と同じ村に住んでいた友人のアンリ・ネスレ（一八一四〜一八九〇）の影響もあったようです。ネスレは、牛乳から粉ミルクをつくる方法を発見しており、彼の技術に強い刺激をうけていたのかもしれません。ネスレが創始者となったネスレ社は、今では世界最大の食品・飲料会社にまで成長しました。

コンチング チョコレート

（一八八〇年）

ルドルフ・リンツ

フライの功績で固形のチョコレートがつくられるようになりましたが、砂糖やカカオの粒がざらつきとして残り、口当たりが悪いため、ココア飲料が依然として人気がありました。そんな中、スイスのルドルフ・リンツ（一八五五〜一九〇九）が舌触りのよいチョコレートを開発するに至ったのです。

彼は原料を機械で力をかけながら長時間混ぜて練り上げることで、徐々に粒子が細かくなり、ざらつきの改善された滑らかな固形チョコレートをつくることに成功しました。また、食感だけでなく、雑味が減少するなど、風味も一段と向上し、現在の形に限りなく近いチョコレートが誕生したのです。

コンチングは当時、チョコレートの風味を大きく向上させる画期的な発明でした。現在では、粒子を細かくする役割の大部分は微粒化の機械に置き換わっています。しかし、風味向上のために、ほとんどのメーカーで今なおコンチングが行われています。

逸話では、リンツがコンチングを開発したのも偶然の産物だったようです。休日前にチョコレートの混合機械を止めるのを忘れ、三日間も運転し続けてしまった結果が開発につながったとのこと。当初はエネルギーの無駄遣いと機械の消耗に焦っていながらも、間もなく画期的な発見をしたことに気付きました。

チョコレートのそれから

ヨーロッパにもたらされたチョコラトルという異文化飲料は、宮廷社会で普及したあと、十九世紀に入ると、ココアの開発、固形チョコレートの開発、ミルクチョコレートの開発、コンチング技術の開発という、いわゆる四大発明がチョコレートの普及を急速に後押しすることとなりました。十九世紀末までに急速な工業化が進み、二十世紀にはさらにチョコレート産業が活発化していきます。

一九〇〇年にアメリカでハーシーが、一九〇五年にイギリスではキャドバリーが、大規模なチョコレート生産を開始し、庶民の間でもチョコレートの味わいが広がります。一九二九年にはヘルマン・ボールマンがドイツで大豆油を生成する際の副産物であるレシチンが、チョコレートの粘度を下げ、流動性をよくすることを発見し、特許を申請しています。レシチンは現在でも広く使われている、脂と水を融合させる天然の乳化剤です。それまで流動性を上げるために、高価なココアバターを使用せざるを得ませんでしたが、レシチンが代用できるようになり、経済的に、そしてココアバターでカカオマスの味を薄めてしまうことなく、チョコレートがつくれるようになったのです。

レシチンの開発や、アフリカでのフォラステロ種のカカオ栽培の広がりなどの背景により、大規模なチョコレート生産がさらに発展し、現在では子供から大人まで食べることができる庶民的な嗜好品として、たくさんの人々にその味わいを楽しんでいただくことができるようになりました。

大量生産・大量消費のチョコレート産業が発展する中でも、まるで十七世紀の宮廷社会や貴族の嗜好品のような、工場生産品の規格品チョコレートとは異なる味わいの少量生産のグルメチョコレートも小さなチョコレートショップでつくられています。さらに、カカオ豆の品種や加工などの部分にもふみ込んだ、高級チョコレートも見られるようになってきました。

このように、チョコレートのたのしみ方が多様化し、様々な形で人々の生活に浸透しているのです。

日本のチョコレート史

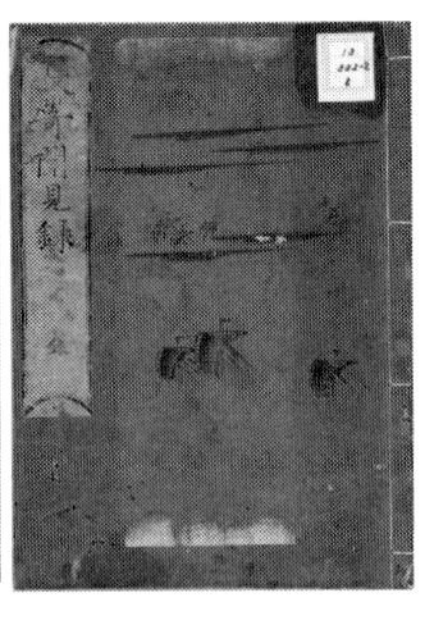

チョコレートをたのしむ文化がヨーロッパで急速に広がっている最中、日本には十八世紀末、当時の江戸時代にチョコレートが伝わったといわれています。鎖国中の日本で、唯一門戸を開いていた長崎にその記録が残っています。長崎の遊女町であった丸山町・寄合町の記録『寄合町諸事書上控帳』には、遊女がオランダ人よりもらい受け届け出た中に「しょくらあと六つ」との記載が見られます。また、同時期に長崎に遊学していた、京都の侍医であった廣川獬は、彼が記した『長崎聞見録』の中に、「しょくらとを」について次のように書き残しています。

しょくらとをは。紅毛人の持渡る腎薬にて。形獣角のごとく。色阿仙薬に似たり。其味ひは淡なり。其の製は分暁ならざるなり。服用先熱湯を拵へ。さてかのしょくらとをを三分を削りいれ。次に鶏子一箇。砂糖少し。此の三味茶筅にて。茶をたつるごとく。よくよく調和すれば。蟹眼でる也。是を服用すべし。

この記述は、「チョコレートはオランダが持ってきた、動物の角のような形をした腎薬で、色は生薬の阿仙薬に似ている。味は淡泊で、熱湯にチョコレートを一cm削り入れ、そこに卵一個と砂糖を少し加えて茶筅を使って蟹の泡のように泡立て、よく混ぜる」と訳すことができます。彼が長崎に滞在したのはココアが開発される直前。当時オランダで愛飲

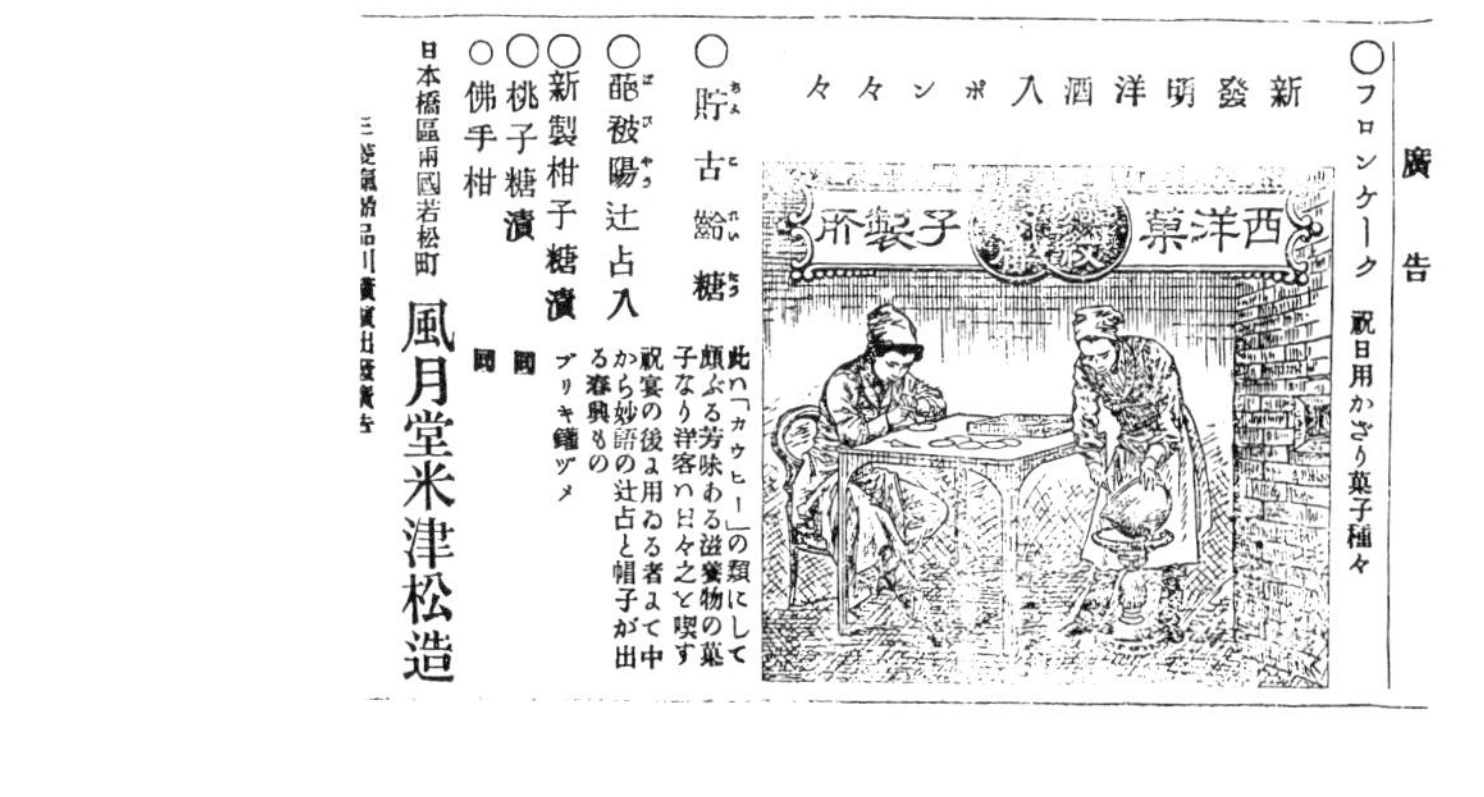

右ページ…長崎聞見録「しょくらとを」についての記録／所蔵…長崎歴史文化博物館　左ページ…明治11年12月24日「かなよみ」新聞に掲載されたチョコレート広告／提供…株式会社東京凮月堂

されていたホットチョコレートを彼は口にしていたのでしょう。また、明治六年には、岩倉使節団がフランス訪問中にチョコレート工場を見学し、次のように書き残しています。

銀紙に包み、表に石版の彩画などを張りて其美を為す。極上品の菓子なり。此の菓子は人の血液に滋養を与え、精神を補う効あり

明治十一年には米津風月堂（現・東京風月堂）が半製品のチョコレートを輸入し、日本で初めてチョコレートの加工、販売を行いました。当時の新聞には、チョコレートは漢字で「貯古齢糖」と記されています。その後、大正七年に現・森永製菓が、大正十五年に現・明治製菓がカカオ豆からチョコレートの工場一貫製造を開始し、庶民の間にもチョコレートの味が広まっていきました。余談ですが、現在でもカカオ豆からのチョコレート製造までを手掛けているのは、大小含めてもほんの一握りの製菓メーカー、チョコレートショップが行っているのみで、ほとんどのチョコレートは半製品であるカカオマスやクーベルチュールを加工してつくられています。その後、昭和の時代は第二次世界大戦の影響で、カカオ豆が一時輸入できなくなり、チョコレート生産は止まってしまいますが、戦後には再度カカオ豆の輸入が自由化され、チョコレート産業も飛躍的に成長し、現在に至っています。

上…皇帝モンテスマとコルテス／出典…明治製菓『お菓子読本』、1977年、54頁　中右…マヤの神々がカカオの実に血を垂らす様子。血を最も神聖な捧げものと考えた当時のカカオが神聖なものとして扱われていた様子がよくわかる／出典…Sophie D. Coe and Michael D. Coe, The True History of Chocolate (3rd ed., London, Thames & Hudson, 2013), p43　中左…結婚式で王が花嫁から泡立つチョコラトルの壺を受け取る様子（11世紀ヌッタル絵文書）／出典…Sophie D. Coe and Michael D. Coe, The True History of Chocolate (3rd ed., London, Thames & Hudson, 2013), p97　下…マヤ文明における容器の絵柄（650〜800年ごろ）。カカオが神聖なものとした扱われた様子が描いてある／Photograph © Justin Kerr　左ページ…イスラム人、中国人、アステカ人がそれぞれ自国の嗜好品（珈琲、茶、チョコレート）を味わう想像図（シルヴェストル・デュフール『新奇なるコーヒー、茶、チョコレートに関する概論』）／出典…増淵宗一著『東西喫茶文化論』、淡交社、1999年、51頁

チョコレートを運ぶ娘（ジャン＝エティエンヌ・リオタール）／所蔵…ドレスデン国立絵画館　出典…Morton and Frederic Morton, CHOCOLTE (New York, Crown Publishers, Inc., 1986), p32

中米に根付くカカオ飲料

メキシコ、グアテマラ、ニカラグア、ホンジュラスなどの中米地域では様々なカカオを使用した飲み物が日常的に飲まれています。

下の写真はカカオを使った飲み物「ピノリョ（pinolillo）」をつくる際に乾燥させたカカオ豆を煎っている様子です。ピノリョはニカラグアで飲まれているカカオを使用した伝統的で身近な飲み物。つくり方はカカオポッドからカカオ豆を取りだしていい塩梅に乾燥させたあと、フライパンなどで煎ります。その後、シェルを取りのぞき、煎ったとうもろこしとクローブ、オールスパイス、シナモンなどのスパイスと一緒に挽き、粉末状にして保存します。ニカラグアの人々はそれを好きな時に水か牛乳に溶いて、砂糖を入れて飲んでいます。芳ばしく、トウモロコシの味が強いのですが、その癖の強さをカカオやスパイスの華やかな香りが包んでいるような味わい。ニカラグアに住む私の友人は、ピノリョの他にも米とカカオを混ぜた〝カカオコンレチェ〟、冷える夜に飲む温かいピノリオの〝カカリエンテ〟、カカオの粉と砂糖を水で練ったものに、バナナをくぐらせた、日本のチョコバナナのような〝チョコラテバナノ〟など、日常でカカオが様々な形で口にされていることも教えてくれました。

このようにカカオ発祥の地である中米では、今なおカカオが人々の生活に深く根付いているのです。

ピノリョをつくるためにカカオ豆を煎っている様子

4章

カカオの生産国

もともとは同じルーツのカカオでも、
栽培地の文化、栽培・加工方法、気象条件、土壌などの
環境が異なることにより、それぞれの場所に適応し、姿形、
そして風味までも異なる特徴を持つようになりました。
ワインや珈琲と同じように、
各産地で表情の異なるカカオ豆が生産されているのです。
現在では多くの国々でカカオが栽培されています。
その中でも代表的な生産国をいくつか紹介しましょう。

東南アジア

世界第三位の生産量を誇る
インドネシアを中心に
カカオ栽培が広がっている。
カカオ栽培の新興地域も
増えてきている。

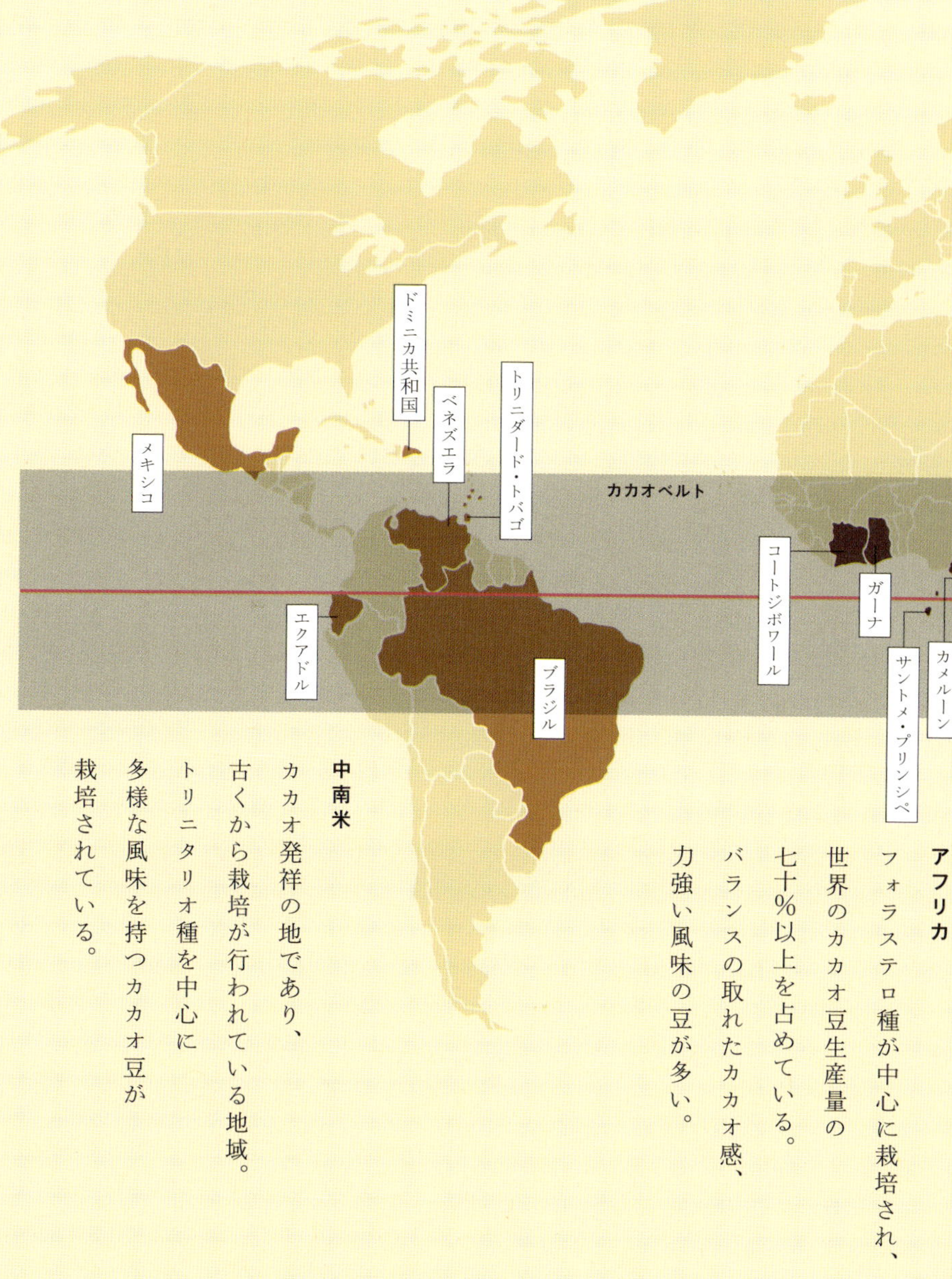

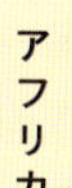

アフリカ

フォラステロ種が中心に栽培され、
世界のカカオ豆生産量の
七十%以上を占めている。
バランスの取れたカカオ感、
力強い風味の豆が多い。

中南米

カカオ発祥の地であり、
古くから栽培が行われている地域。
トリニタリオ種を中心に
多様な風味を持つカカオ豆が
栽培されている。

ベネズエラ

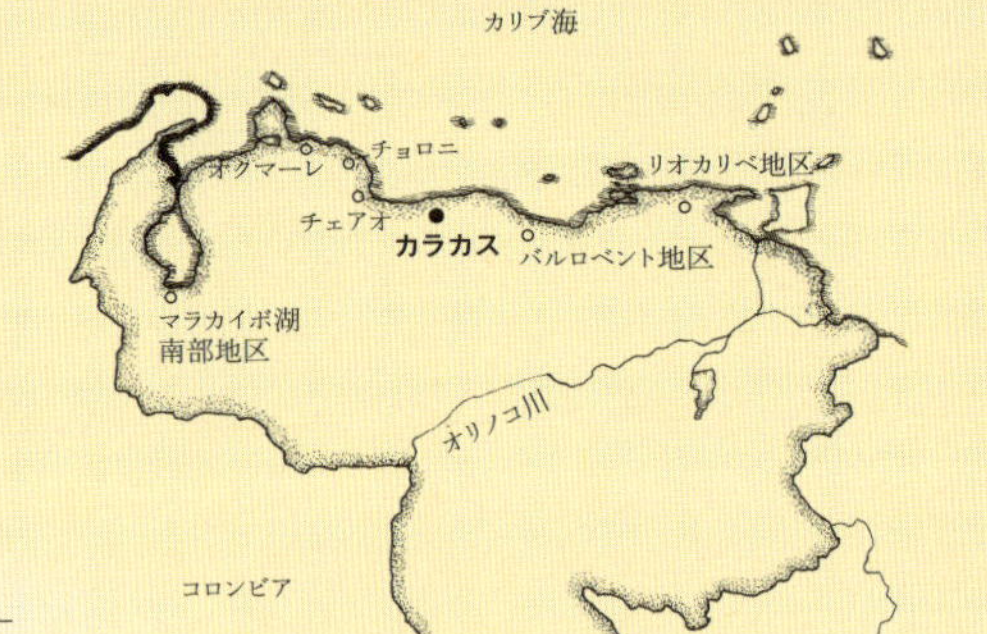

Venezuela

国名	ベネズエラ・ボリバル共和国
面積	912,050㎢
人口	3,041万人
首都	カラカス
主要栽培品種	クリオロ・トリニタリオ
生産量（2014〜2015）	16,000トン

南米大陸の北部に位置し、産油国として発展しているベネズエラ。首都カラカスを離れると手つかずの大自然が広がっており、世界最後の秘境ともいわれているカナイマ国立公園は世界遺産にも指定されています。

ベネズエラは、クリオロ種の栽培の歴史がとても古い生産国です。現在は主にトリニタリオ種が栽培されていますが、一部の地域ではクリオロ種が今なお残っています。ベネズエラ産カカオ豆は高品質で香りがよいとされており、高級豆の代名詞ともいえるでしょう。カリブ海に面した北部地域が主な生産地で、その中でもいくつかの栽培地が分散して存在し、個性溢れるカカオ豆が生産されています。マラカイボ湖南西部産のまろやかな味わいのスーデルラーゴ、クリオロ性が強く繊細な香りを持つマラカイボ湖南部地域産のポルセラーナ、プエルト・カペョ海岸の渓谷地帯の中でごく小規模で栽培されていて、果実や花の香りの強いチョロニ・チュアオ・オクマーレ、カラカス東部のバルロベント地区産のフルーツ感、ナッツ感が特徴のカレネロ、東部地区で栽培され、フォラステロ性の比較的強いリオカリベなど、その品質の多様性もベネズエラ産カカオ豆の魅力の一つとなっています。

エクアドル

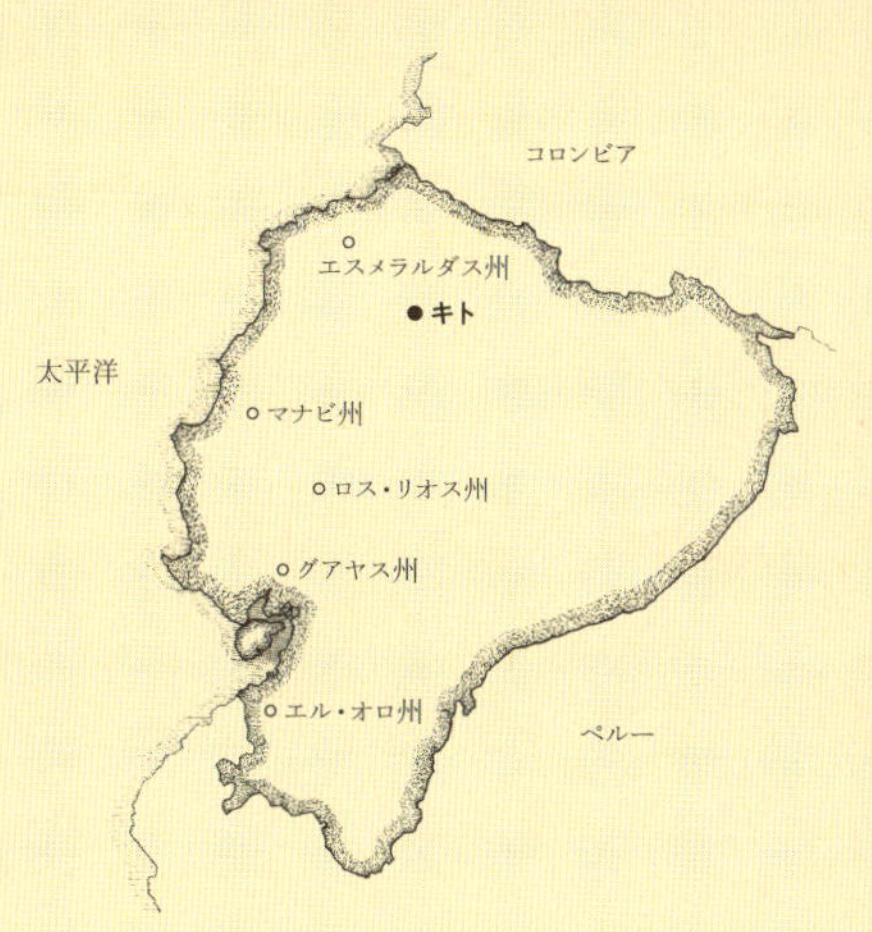

Ecuador

国名	エクアドル共和国
面積	256,369㎢
人口	1,574万人
首都	キト
主要栽培品種	アリバ種、CCN-51
生産量（2014〜2015）	250,000トン

エクアドルは南米の北西部に位置し、変化に富んだ地形により、地球上で最も生物学多様性に富んだ国の一つといわれています。赤道上に位置し、国名もスペイン語で「赤道」という意味を持っています。

ベネズエラと同様に古くからカカオの栽培が行われてきた国で、固有のアリバ種[一]が主に栽培されています。フォラステロ種の一種でありながらも、ジャスミンの花、果実の蜜のような繊細で華やかな芳香と、軽い渋みを持つことが特徴です。ただしこのアリバ種は木が高く広がるために収穫が非効率で収量があまり多くありません。そのため、近年はこのアリバ種とフォラステロ種のハイブリッド種である「CCN-51」が積極的に栽培されています。CCN-51は背丈が低いので収穫しやすいこと、木を植えてから実をつけるまでの期間が短いこと、収量自体がアリバ種よりも多いことが特徴ですが、アリバ種特有の華やかさは弱くなる傾向にあります。アリバ種は主にロス・リオス州、グアヤス州、マナビ州、エスメラルダス州で栽培されており、比較的新しい生産地のエル・オロ州ではCCN-51を中心に栽培されています。

※カカオの風味は発酵条件、土壌など、多くの要因で変化します。本書に記載した風味はあくまで一般的な情報として認識ください。細かく見れば同じ国の中でも品種や加工方法によって様々な風味を持ったカカオ豆がつくられています。

※数値は2015年現在のものを示しています

[一] アリバとは「上方の」という意味を持ち、ロス・リオス州からグアヤキルの港まで川を下って運ばれていたことからそうよばれている。

ドミニカ共和国

北大西洋

デュアルテ州

サントドミンゴ

アト・マジョール州

カリブ海

Dominican Republic

国名	ドミニカ共和国
面積	48,192㎢
人口	1,040万人
首都	サントドミンゴ
主要栽培品種	トリニタリオ
生産量（2014〜2015）	82,000トン

カリブ海に浮かぶイスパニョーラ島東部に位置するドミニカ共和国。一六六五年にカカオ豆が持ち込まれ、栽培が始まりました。栽培品種はクリオロ性が色濃く残るトリニタリオ種であるといわれ、これまでいくつかの国からカカオ豆が持ち込まれた経緯もあり、多種多様なカカオが栽培されています。

カカオ豆は発酵度の違いでSanchez（未発酵豆）とFermentado（発酵豆）に区別されていて、生産されているカカオ豆の過半数はSanchezで、依然Espanolのほうが生産量は少ない状況です。ただ、栽培・発酵の指導により、年々Espanolが増え、品質、生産量が向上しています。また、ドミニカ共和国は世界有数のオーガニック、フェアトレードカカオの生産国としても有名です。風味の特徴としては何といってもその果実感。良質なドミニカのカカオ豆は鮮やかな酸味、トロピカルフルーツやドライフルーツなどの風味を感じることができます。

主な栽培地は北部のドュアルテ州、東部アト・マジョール州を中心に北東部に広がっています。小農家は収穫したカカオ豆を果肉がついた状態で大規模な発酵所へ持ち込み、発酵、乾燥処理が行われています。

トリニダード・トバゴ

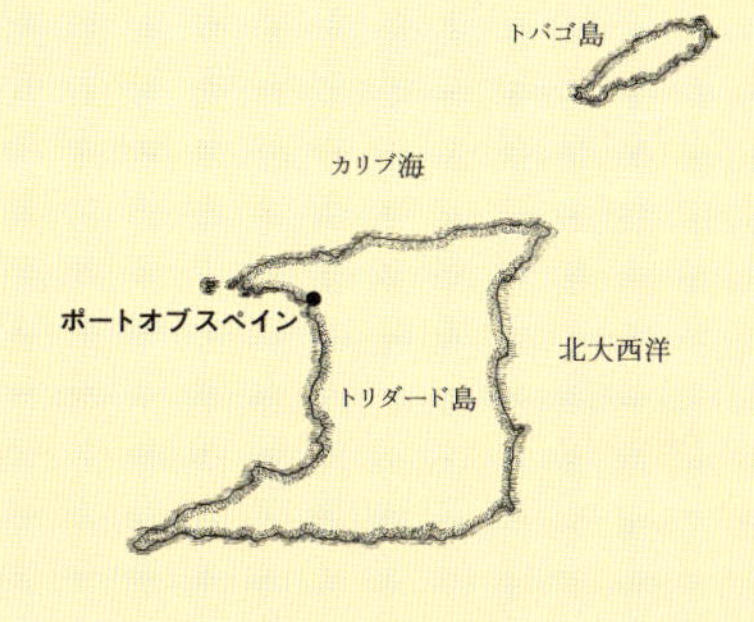

Trinidad and Tobago

国名	トリニダード・トバゴ共和国
面積	5,130㎢
人口	134万人
首都	ポート・オブ・スペイン
栽培品種	トリニタリオ
生産量（2014〜2015）	500トン

トリニダード・トバゴはカリブ海、ベネズエラの北に位置するトリニダード島とトバゴ島の二つの島からなる、大きさにして千葉県より少し大きいくらいの島国です。石油を貯蔵するためのドラムから生まれたスティールパンの発祥地で、正式に国民楽器としても認められています。

この地はその名のとおり、トリニタリオ種の起源として有名です。もともとはクリオロ種を生産していましたが、一七二七年に何らかの災害（原因はハリケーン、病害など様々な説があります）によってクリオロ種のほとんどが壊滅してしまったのですが、その三十年後に新しく持ち込まれたフォラステロ種と、わずかに残存していたクリオロ種との間で交雑がはじまり、新たに交雑種の第一号であるトリニタリオ種が生まれました。病害に強いフォラステロ種の性質をかねそなえており、より栽培しやすい品種となったのです。

バランスの取れた味わいを持ったトリニダード・トバゴのカカオ豆ですが、生産量は年間約五百トンと少なく、高値で取引されることの多い豆の一つです。

メキシコ

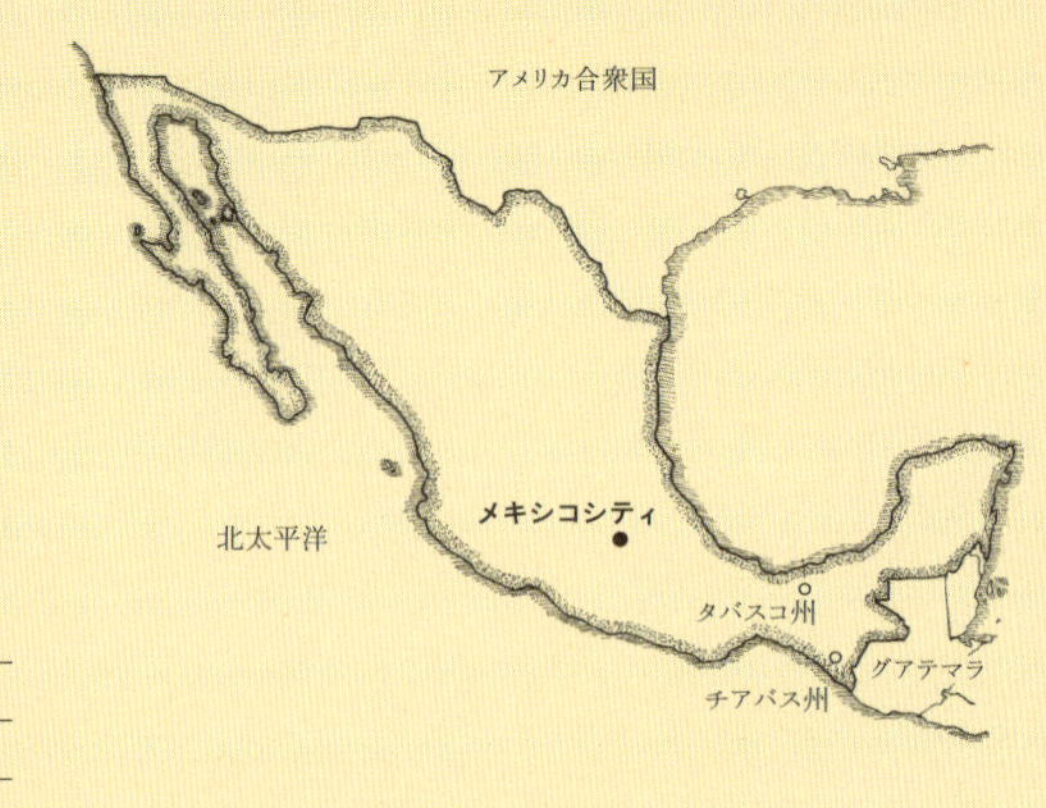

Mexico

国名	メキシコ合衆国
面積	1,964,375㎢
人口	12,233万人
首都	メキシコシティ
栽培品種	トリニタリオ
生産量（2014〜2015）	28,000トン

北アメリカ大陸の南部に位置するメキシコ。太平洋と大西洋沿岸には平野が広がり、中央部は高原になっています。北部の乾燥した大地に対し、南部は密林に覆われた山岳地帯で、たくさんのマヤ・アステカの古代遺跡群が現存しています。

カカオとの関わりの歴史が長いメキシコ。もともとはクリオロ種を栽培していましたが、現在はトリニタリオ種が中心に栽培されています。クリオロ種の起源の地でもあることから、一部の古くから続く農園ではクリオロ種が現在も栽培されているようです。主な生産地は生産量の大部分を占める南部のタバスコ州と、小規模ながら伝統的なカカオ栽培を続けているチアパス州です。栽培は主に小農家が行っており、生産されるカカオ豆は発酵度の違いでFermentado（発酵豆、発酵五〜六日）、Beneficiado（半発酵豆、発酵二〜四日で、発酵率六十％程度）、Lavado（未発酵豆）の三種に分類されています。

また、カカオの歴史が古いメキシコでは、料理にもカカオが使われています。鶏肉にカカオとスパイスを使用したソースを合わせた「モレ・ポブラーノ」は濃厚なカカオの風味とスパイスによる複雑味が癖になる料理です。

アフリカ

ガーナ

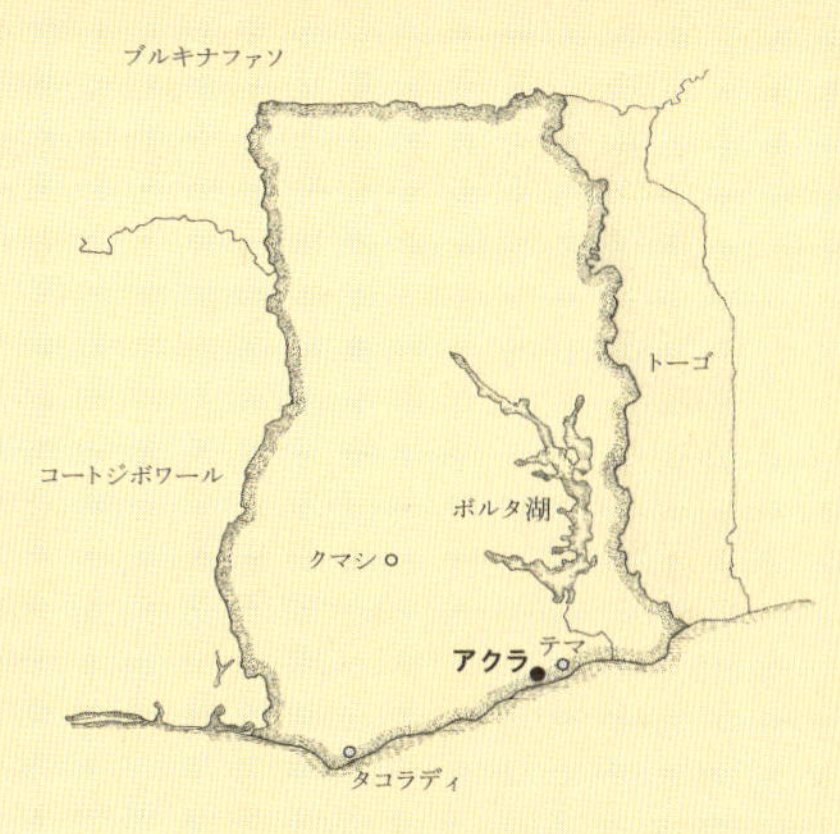

Ghana

国名	ガーナ共和国
面積	238,533㎢
人口	2,591万人
首都	アクラ
栽培品種	フォラステロ
生産量（2014〜2015）	740,300トン

西アフリカに位置するガーナは古くからの金の産出国であり、かつては「ゴールドコースト」ともよばれていました。野口英世が研究していた黄熱病に自らが罹り亡くなった地としても有名です。

現在世界第二位のカカオ生産国であるガーナ。一八七九年頃に西インド洋のフェルナンド・ポー島からフォラステロ種のカカオ豆が持ち込まれたのが栽培の起源です。その当事者のテテ・クワシという人物はガーナの貨幣「セディ」のお札に肖像画として残っている有名人です。生産地域はガーナ西部に広がり、フォラステロ種が栽培されています。もとはフォラステロ種の一種である小型の「アメロナード種」が栽培されていましたが、その後南米より、同じフォラステロ種でも収穫までの時間が短く、病害に強い、サイズも大きな「アマゾン種」が持ち込まれ、現在はその二種のハイブリッド種が栽培の主流となっています。

ガーナでは国をあげてカカオ生産に力を入れており、カカオ産業は国の機関であるココアボード[二]が管理しているため、品質が非常に安定しています。ガーナ産カカオ豆は苦味と酸味のバランスが取れたカカオ感を持ち、ベースビーンとして特に優秀です。

[二] ココアボードの下部組織として、カカオ豆販売を担うCMC (Cocoa Marketing Company)、品質管理を担うQCC (Quality Control Company)、カカオ豆の生産を担うCPC (Cocoa Processing Company)、仲買を担当するPBC (Producing Buying Company)、品種、栽培の研究を行うCRIG (Cocoa Research Institute of Ghana) などが設けられています。これらの機関がカカオ豆の品質、生産、流通を総合的に管理しています。

コートジボワール

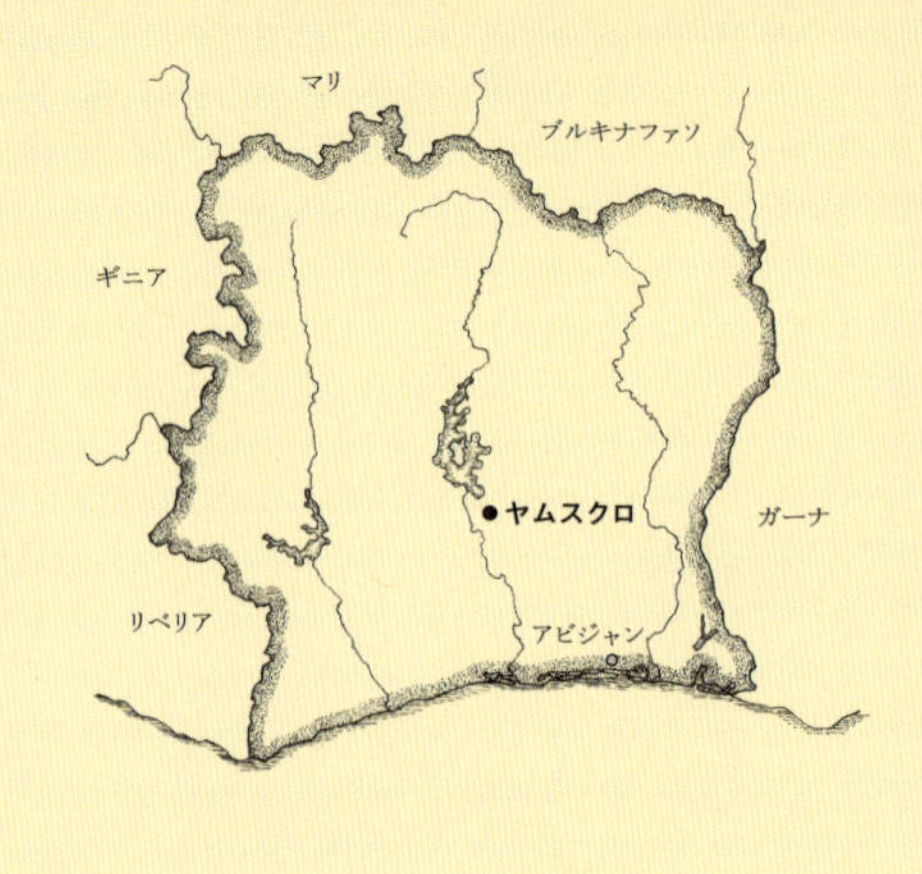

Côte d'Ivoire

国名	コートジボワール共和国
面積	322,463㎢
人口	2,032万人
首都	ヤムスクロ
栽培品種	フォラステロ
生産量（2014〜2015）	1,795,900トン

国名が「象牙海岸」の意味を持つコートジボワール。ガーナの西隣に位置し、その名のとおり古くは象牙の貿易で賑わっていました。一八九〇年初頭にフランス人により導入されたのがカカオ栽培の起源とされており、比較的新しい生産地でありながらも、一九七〇年代に急速に生産量が増加し、現在では世界第一位の生産量を誇っています。また、カカオ豆の世界総生産量の約四十％以上がコートジボワール産カカオで占められています。

生産されるカカオ豆は、英語読みの国名、「アイボリーコースト」から、「アイボリー豆」とよばれています。多くは移住の小規模農家でなりたっています。栽培品種はガーナ同様フォラステロ種。苦味、渋みがしっかり感じられるカカオ豆が多いのですが、ガーナより若干あっさりしているのが特徴で、ベースビーンとして世界中で使用されています。ただし、ガーナと異なり流通、出荷、輸出などが民営化されており、それによる品質のばらつきが生じてしまいます。そのため、世界一の生産量でありながら、日本への輸入量はそこまで多くはありません。南東部のアビジャンは集散地であり、かつ著名な積出港となっています。

マダガスカル

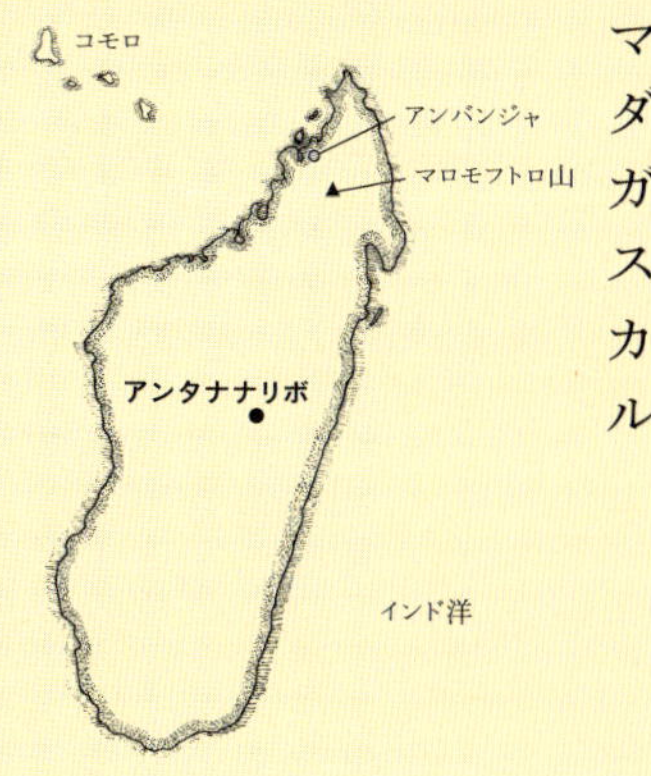

Madagascar

国名	マダガスカル共和国
面積	587,295km²
人口	2,293万人
首都	アンタナナリボ
栽培品種	クリオロ、トリニタリオ、フォラステロ
生産量(2014〜2015)	8,000トン

世界で四番目に大きな島で、アフリカ最大の島国マダガスカル。アイアイ、カメレオン、キツネザル、バオバブなど、固有の進化を遂げた動植物が生息しています。

一八九〇年代にレユニオン島から、一九〇〇年代にはインドネシアからクリオロ性の強いカカオ豆が持ち込まれたのがマダガスカルカカオの始まりです。レユニオン島から持ち込まれたフォラステロ種は東部地域で栽培されましたが、栽培環境に適応せずに衰退してしまいました。現在マダガスカルで栽培されているカカオの起源となっているのは、インドネシア由来のものだといわれています。主な生産地は北部アンバンジャのサンビラーノ川流域で、トリニタリオ種をメインに栽培しています。

マダガスカル産カカオの特徴は何といっても豊かな酸味と果実感です。フルーティーなカカオの二大産地といえば、マダガスカルとドミニカ共和国があげられるでしょう。特に良質なマダガスカル産カカオは赤いベリーやカシスのような鮮やかな果実感を持っています。生産量は世界全体の一%にもなりませんが、とても良質な豆を生産している国です。カカオ以外にも良質なバニラを生産する国としても知られています。

東南アジア

インドネシア

Indonesia

国名	インドネシア共和国
面積	1,910,931㎢
人口	24,987万人
首都	ジャカタルタ
栽培品種	クリオロ、トリニタリオ、フォラステロ
生産量（2014〜2015）	325,000トン

一万七千もの島々からなるインドネシア。三百もの民族が存在し、言葉や文化も地域によって異なり、多様性に富んだ国です。カカオ豆の生産量は世界第三位を誇り、一九八〇年代から急速に生産量が増加しました。主な栽培地域は、ジャワ島、スラウェシ島、スマトラ島です。生産量はスマトラ島、スラウェシ島が多く、フォラステロ種が主に栽培されています。発酵を行わない地域も多く、渋みや酸味が強いのが特徴です。ジャワ島ではクリオロ性の強いトリニタリオ種が栽培されています。「ジャワファンシー」という銘柄の高級豆です。ルーツはメキシコで収穫されたクリオロ種といわれ、その後伝わったフォラステロ種、トリニタリオ種との交配が重ねられて現在の品種となっています。

インドネシアは天気が変わりやすく、湿度が高いため、発酵を終えたカカオ豆を乾燥させにくい環境です。そのため、カカオ豆を機械で乾燥させることが多くあります。この場合、熱源となる木炭などにより、カカオ豆自体にもスモーキーな香りがついてしまうことがあります。一般的には好ましくありませんが、ウイスキーのピート香[三]同様、インドネシアカカオ豆の風味特長の一つといえるでしょう。

ベトナム

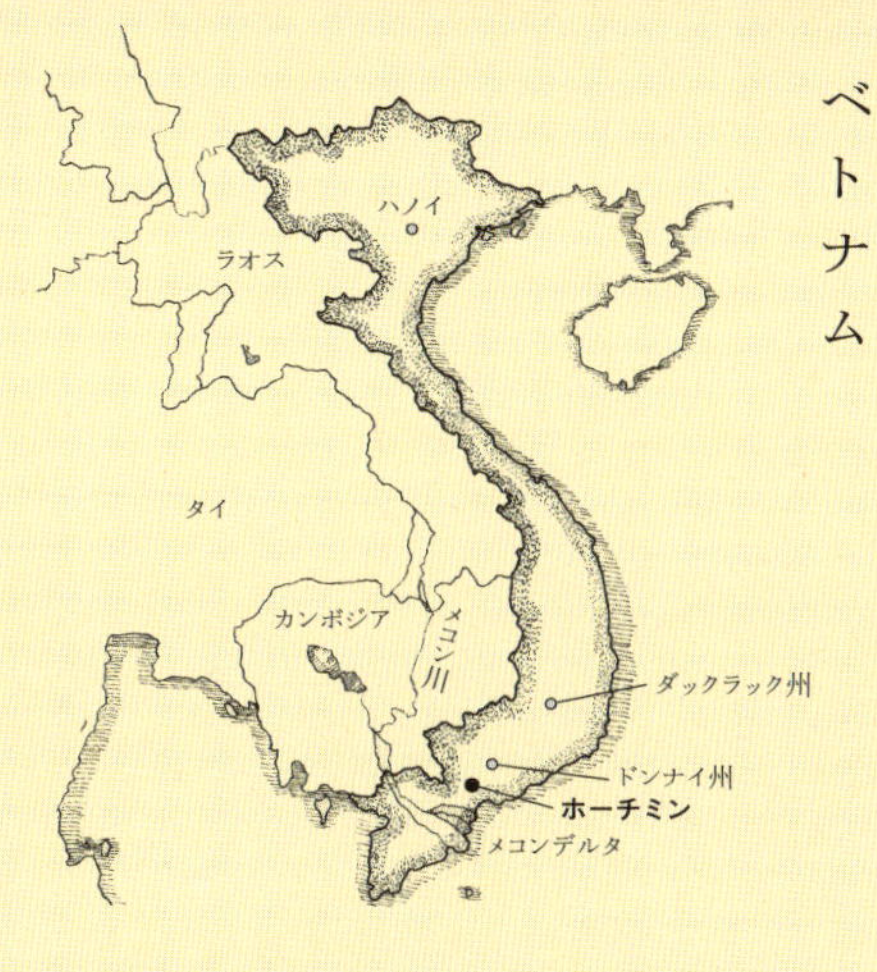

Vietnam

国名	ベトナム社会主義共和国
面積	330,957㎢
人口	9,168万人
首都	ハノイ
栽培品種	トリニタリオ、フォラステロ
生産量（2014〜2015）	3,000トン

インドシナ半島東部にある社会主義共和制国家で、南シナ海に面した国土は南北に長く広がり、北に中国、西にラオス、カンボジアと国境を接しています。気候も熱帯モンスーン気候の南部と亜熱帯性気候の北部では大きく異なります。国民の多くが農業に従事している農業国で、その中でも、フォーなどに使われる米や、世界第二位の生産量を誇るコーヒーなどは主要な作物となっています。

カカオ豆の生産量は年間四千トンと少ないですが、年々生産量自体は増えてきているカカオ新興国です。主な栽培地は南部メコン川流域、ホーチミン北部のドンナイ省、ダックラック省で、フォラステロ種とトリニタリオ種が栽培されています。農業国であるベトナムはカカオ栽培に関しても、とても丁寧に行っているのが印象的です。小規模農園で生産されたカカオ豆は大規模な発酵所へと持ち込まれ、発酵、乾燥が行われています。風味としては酸味がやや強めで、果実味があり、ややスパイシーな香りも持っています。

[三] ウイスキーをつくる際に、ピート（泥炭）を炊くことで、大麦を乾燥させている。その際にピートの燻香が大麦に移り、最終的なウイスキーにもその特徴的な香りが残る。この香りをウイスキー業界ではピート香とよぶ。

中南米

ブラジル

トメアス
バイア州
ペルー
ブラジリア
ボリビア
リオデジャネイロ
パラグアイ
アルゼンチン

Brasil

国名	ブラジル連邦共和国
面積	8,514,877㎢
人口	20,036万人
首都	ブラジリア
栽培品種	フォラステロ
生産量（2014〜2015）	230,000トン

人口、面積ともに南アメリカ最大で、多様性に富んだブラジル。カカオ豆も中南米エリアで最大の生産量を誇ります。ブラジル産カカオ豆はアマゾン川とその支流沿岸で自生していたフォラステロ種が起源とされており、現在はバイア州へと生産地が移り、中・大規模農園にてフォラステロ種が栽培されています。また、東部トメアス地区では日系ブラジル人が中心となってアグロフォレストリー農法[四]によるカカオ豆を生産しています。

アフリカ

サントメ・プリンシペ

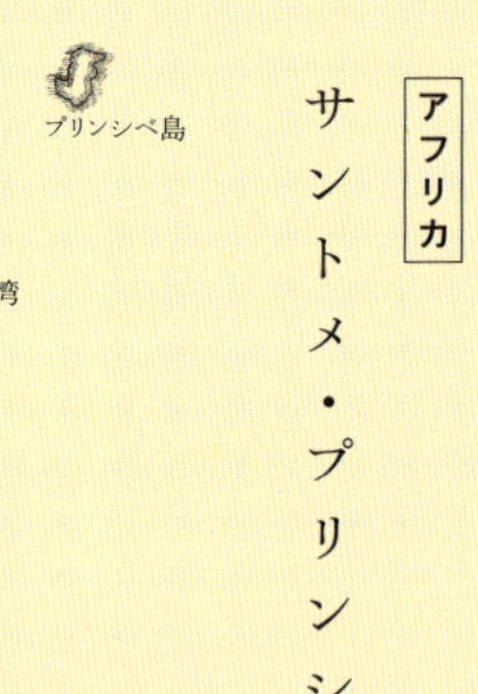

São Tomé e Príncipe

国名	サントメ・プリンシペ民主共和国
面積	964㎢
人口	19万人
首都	サントメ
栽培品種	トリニタリオ、フォラステロ
生産量（2014〜2015）	3,000トン

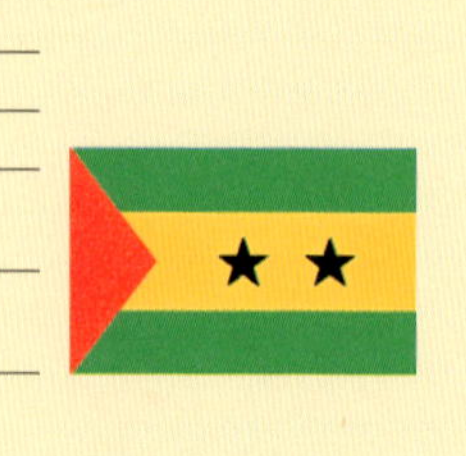

西アフリカのギニア湾に浮かぶ火山島であるサントメ島、プリンシペ島、そしてその周辺の島々からなる島国です。一八二四年にポルトガル人がブラジルのフォラステロ種の挿し木を持ち込んだのがカカオの起源。良質の豆は力強い風味の中にスパイス、ハーブなど、独特の複雑な香りを感じることができます。

アフリカ

カメルーン

ナイジェリア
チャド
中央アフリカ共和国
ヤウンデ
赤道ギニア
ガボン
コンゴ

Cameroon

国名	カメルーン共和国
面積	475,650㎢
人口	2,225万人
首都	ヤウンデ
栽培品種	フォラステロ
生産量(2014〜2015)	232,300トン

カメルーンで生産されるカカオ豆は、独特の土壌性質、気候、環境のため、他の豆に比べて赤みを帯びているのが特徴です。その性質から「レッドカカオ」ともよばれ、色味をよくするためにココアの製造で重宝されています。カメルーンのカカオ栽培は西部地域に集中しており、雨が多く、発酵、乾燥に悪影響を及ぼしてしまう場合があり、その際に人工乾燥を行うことで、独特の燻臭がつくリスクがあります。

東南アジア

パプアニューギニア

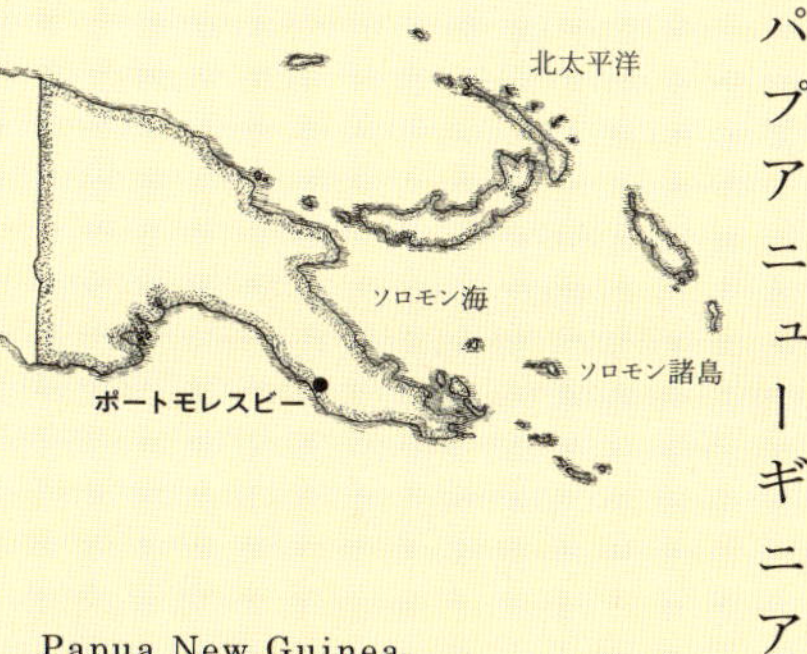

Papua New Guinea

国名	パプアニューギニア独立国
面積	462,840㎢
人口	732万人
首都	ポートモレスビー
栽培品種	トリニタリオ
生産量(2014〜2015)	35,900トン

海から吹き込む湿った風により乾燥させるにはあまり適していない気候なので、インドネシアの一部の地域と同様に、薪を使用した人工乾燥を行なっているカカオ豆が多く見られます。チョコレートもそれによる独特の燻臭を感じることがあります。ただし、適正な乾燥を行ったカカオ豆は、繊細でフルーツのような風味を持っています。

[四] アグリカルチャー(agriculture 農業)とフォレストリー(forestry 林業)を掛け合わせた考え方で、樹木を植栽し、その木材を商材としながらも、樹間で農作物を栽培する方法。持続的な土地利用、生物多様性の保持を可能とする農法として注目されている。

カカオ豆生産量（二〇一四〜二〇一五）

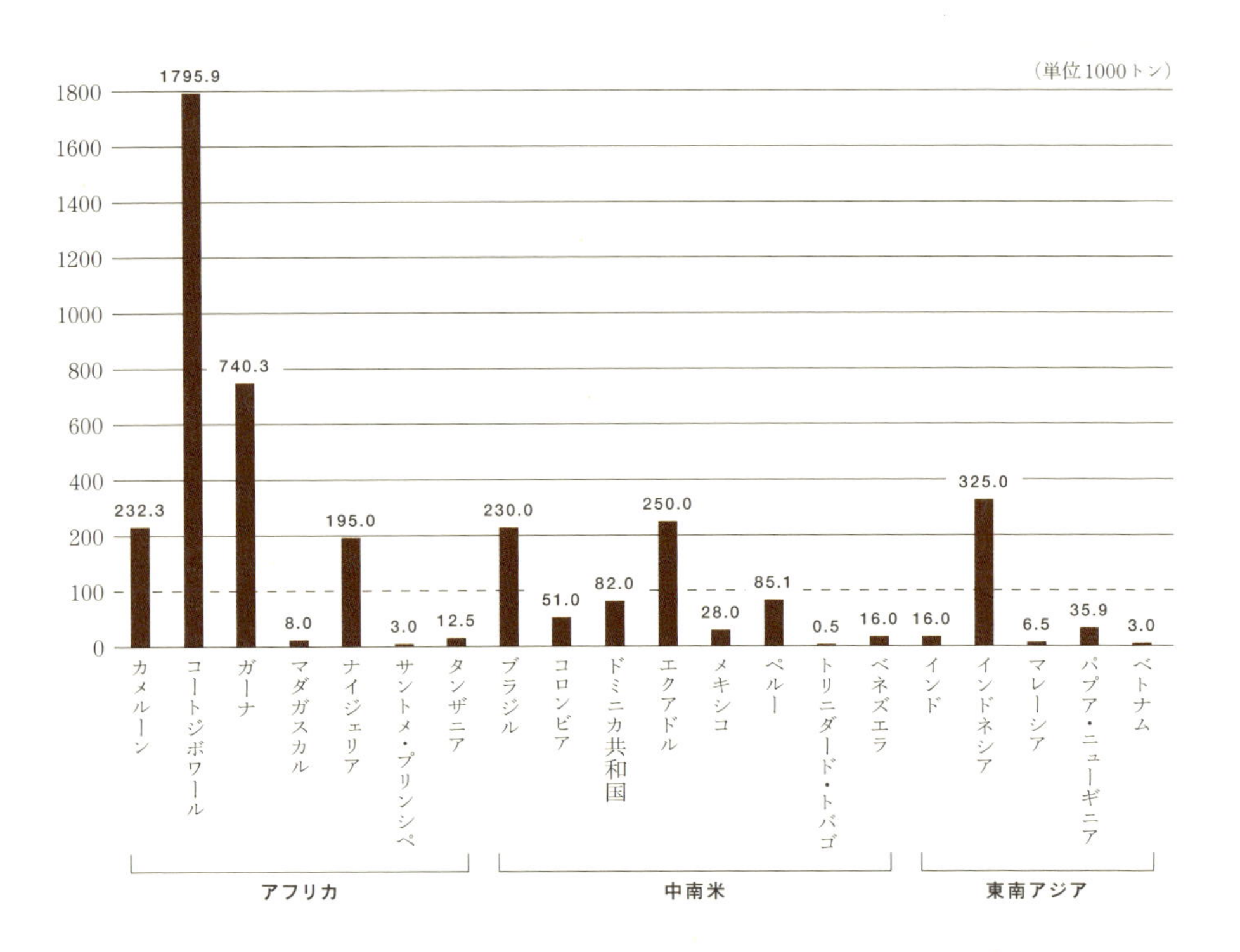

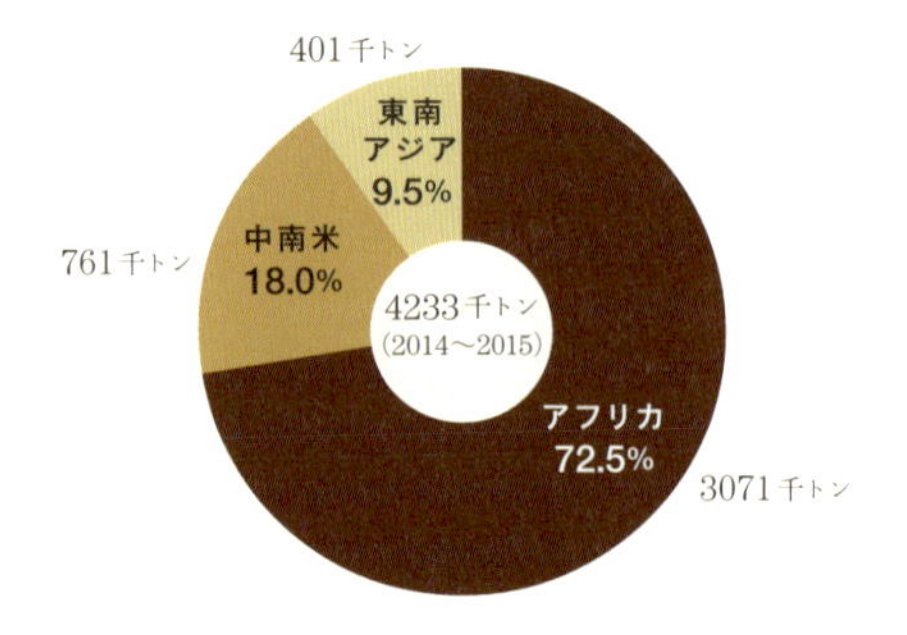

5章

チョコレートの愉しみ方

時間をとって丁寧に味わう一欠片のチョコレートは、
不思議なもので、いつも自分の感情に寄り添ってくれます。
緊張した心に安らぎを、喜びには小さな高揚感を、
そして弱った心には活力を。
最後にそんなチョコレートの愉しみ方をいくつか紹介します。
チョコレートが皆さんの豊かな生活の
小さな支えとなれば嬉しいです。

無垢チョコレートを愉しむ

無垢チョコレートとはフルーツ、ナッツ、ガナッシュなど、他の素材が入らないシンプルな形のチョコレートのこと。複雑なハーモニーを奏でるボンボンショコラ、生クリームをふんだんに使った滑らかな生チョコレート[一]、濃厚なチョコレート感があるガトーショコラなど、それぞれにチョコレートの魅力があります。私はその中でも特に無垢チョコレートの深い味わいをゆっくり愉しむ時間に心地よさを感じます。

国によって歩んできた歴史と文化が異なることから、美味しさの基準も異なるのは明白です。日本人には日本人なりの美味しさがあるので、西洋で最高の味が日本人にとって最良だとは限りません。日本人は古来より「素」の美しさを大切にする価値観を持っています。自然を敬い、素材のよさを最大限に生かした結果、素朴な形に収束してきたのでしょう。それは衣（和服）、食（和食）、住（日本建築）に共通していえることだと思います。

菓子についても、見た目の優雅な美しさが目を引き、いくつもの素材を使い合わせた調和感、複雑味が愉しめる洋菓子と比べて、羊羹や饅頭といった潔い佇まいの和菓子に美しさと、奥深い味わいを見出すのは、やはり日本人特有の美意識、価値観からではないでしょうか。豊かな自然の恵みを受けた、農民の手仕事とつくり手の努力の賜物であるチョコレートを最も素直に感じることができる無垢チョコレートは、日本人らしく愉しめる最良の形なのではないかと私は考えています。

無垢チョコレートの種類

無垢チョコレートは
とても構成がシンプルなので、
原料の種類は多くありませんが、
大まかに次のように
分類されます。

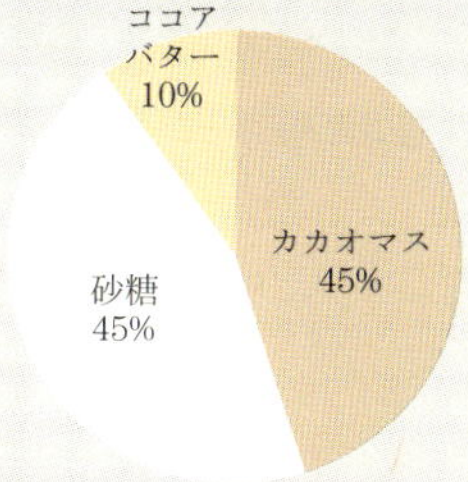

ココアバター 10%
カカオマス 45%
砂糖 45%

ビターチョコレートの組成例

ビターチョコレート

ビターチョコレートは砂糖とカカオマスが主成分の、カカオマスが四十〜六十％以上使用されているチョコレートのことをいいます。「ダークチョコレート」とよばれることもあり、一番ストレートにカカオの香りを感じることができるチョコレートです。

使用しているカカオ豆の品種や産地、焙煎やコンチングの方法、ブレンドのレシピなどによって風味が異なり、多様性に富んでいます。お勧めはカカオ分が七十％前後のチョコレート。甘さと苦みのバランスがちょうどよく、豊かなカカオの香りを愉しむことができるでしょう。もちろん、人それぞれ好みは違いますので、自分に合ったビターチョコレートを探してみてください。一般的にはカカオ分が高くなるほど苦みが強く、カカオ分が低くなると甘味を感じやすくなります。

もしかすると苦味の強いビターチョコレートを最初から美味しいと感じる方は少ないかもしれません。ただし、良質の苦みは慣れるほどに心地よさを感じるようになるもの。珈琲などの嗜好品も、大人が飲んでいる姿を見て、背伸びして飲み始め、繰り返し飲んでいるうちに、その苦みを美味しいと感じるようになるのではないでしょうか[二]。香りが豊かなビターチョコレートも同様、幾度も食べているうちに、苦みの中にひそむ豊かな芳香の虜となっていくことでしょう。

[一] チョコレート生地に生クリームや洋酒などの含水可食物を練り込んだチョコレートで、日本チョコレート・ココア協会の規格では、「チョコレート生地が全重量の六十％以上であって、クリームが全重量の十％以上、かつ水分（クリームに含有されるものを含む）が全重量の十％以上であるチョコレート」と定義されている。

[二] 本来、人間の味覚は、本能的に甘味や塩味、旨味を好むのに対し、毒性のあるもの、腐ったものを避けるために、苦味、酸味を嫌うようにできている。しかし、珈琲やキムチのように、苦味や酸味は慣れや学習により後天的に好まれるようになり得るということがわかっている。

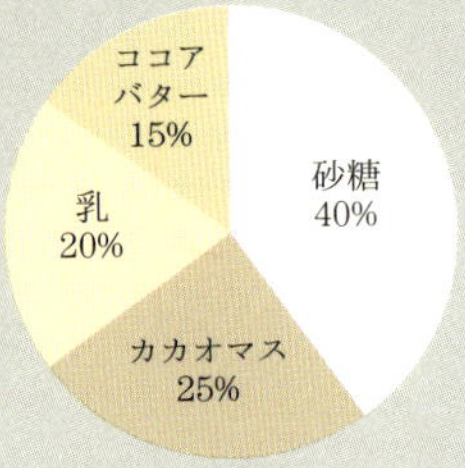

ココア
バター
15%
砂糖
40%
乳
20%
カカオマス
25%

ミルクチョコレートの組成例

ミルクチョコレート

砂糖とカカオマスの他に全粉乳などの乳原料を加えたものがミルクチョコレートです。一般的には乳原料として全脂粉乳をはじめ、脱脂粉乳、クリームパウダーなどが使われています。

ミルクとカカオの相性はとてもよく、力強いカカオの風味と苦みをミルクのコクがしっかり受け止め、まとまった味わいを感じることができます。また、カカオをストレートに感じるビターチョコレートに対して、ミルクチョコレートはカカオの雑味や酸味を包み隠してくれるため、よくも悪くも優しく穏やかな味わいを愉しむことができるでしょう。何よりもミルクのまろやかさは多くの人が好む風味です。珈琲で例えるならばビターチョコレートがブラック珈琲、ミルクチョコレートが、カフェオレといったところでしょうか。

ビターチョコレートやホワイトチョコレートと比べても、使用する原料が多い分、各成分のバランスが味に大きな影響を与えますし、コンチングによる味の表現幅がとても広いのもミルクチョコレートの特徴です。

チョコレートはビターが一番と堅苦しく考えずに、また違ったよさを持つミルクチョコレートも気分に応じて愉しんでみてください。

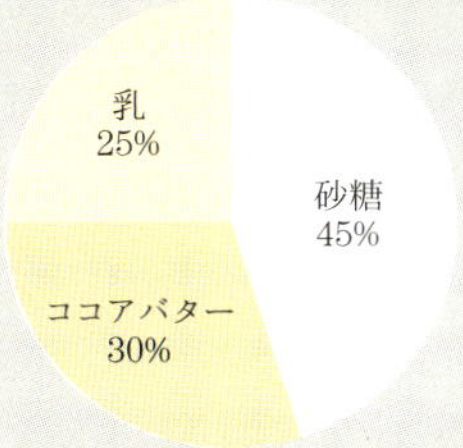

ホワイトチョコレートの組成例

成分	割合
砂糖	45%
ココアバター	30%
乳	25%

ホワイトチョコレート

カカオマス中の油脂分であるココアバター。そこに砂糖と乳原料を混ぜてつくられたものがホワイトチョコレートです。これまでチョコレートセミナーで、「なぜホワイトチョコレートは白いのですか」と聞かれることがよくありました。その答えは「チョコレート色の成分であるカカオマスが入っていないから」です。ココアバター、乳原料は乳白色、砂糖は白色なので、できあがったホワイトチョコレートも乳白色となるのです。ココアバターもカカオマス同様、カカオ豆からできているので、「チョコレート」の名を冠することができるのです。

ココアバターはほぼ無味無臭の油脂ですので、カカオの香りや苦味はなく、チョコレート独特の口どけとミルクのまろやかな風味を楽しむチョコレートといえるでしょう。

ホワイトチョコレートは、使用する乳原料によって爽やかな生乳感を持つもの、キャラメルのような加熱したミルク感を持つものなど、様々な種類があります。さらに、バニラで風味付けすることが多く、スパイシーなもの、華やかなもの、ウッディなものなど様々な香りを持っています。自分好みのホワイトチョコレートを見つけてみるのも面白いかもしれません。

食べる作法

五感を使って愉しむ
ティスティング。
どのように行うのか
ご紹介しましょう。

無垢チョコレートを愉しむのであれば、一欠片もしくは二欠片で十分です。というのも、良質なカカオ豆を使用し、丁寧につくられたチョコレートは、たった一欠片にもカカオの風味がぎっしりと詰まっているため、満足感は少量でもあるのです。口に入れてからも味の複雑な移ろぎを感じることができ、心地よい余韻は口の中に長く残るでしょう。せっかく食べる数欠片です。ゆっくりと最大限に味わうために、チョコレートの「テイスティング」の方法についてお伝えします。テイスティングとは私たち専門家が風味を確認するために普段から行っている方法です。少し窮屈に感じるかもしれませんが、五感を総動員して行うテイスティングのコツを知り、頭の片隅ででも意識することで、普段のチョコレートを愉しむ時間もより豊かになるでしょう。

見る（視覚）

口に入れる前に、まずその色と艶を確認しましょう。一般にカカオマスの含有量が増えるほど、チョコレートの色は濃くなります。テンパリングが行われているチョコレートの表面は艶やかで、それは温度管理がしっかりなされている証でもあります。反対に、管理が悪いことで、白っぽいブルームが発生しているチョコレートは、食べても害はありませんが、食感が悪く、品質がよいものではありません。

また、カカオの品種や焙煎度、もしくは原料のブレンド率によって、明るめの色合い、濃い色合いなど様々です。チョコレートの色からも味を想像してみましょう。

聴く（聴覚）

もし板チョコレートが大きなままであれば、口に入れる大きさまで小さく割ってみてください。その際、しっかりとテンパリングが行われているチョコレートは、ココアバターの結晶が密にぎっしりとつまっており、「パキッ」と綺麗な音をたてて割れるでしょう。ビターチョコレートでもそっと割れてしまうものはテンパリングや保管方法に問題ありです。ミルクチョコレートはやわらかい乳脂肪を豊富に含んでいるため、スナップ性がないのは悪いことではなく、ミルクが豊富な証です。

舌にのせる（触覚）

割ったチョコレートを口に入れて少し噛み砕き、舌の上でゆっくり溶かし、滑らかさを感じてみてください。良質なチョコレートは舌の上でざらつきを感じず、口当たりがとても滑らかです。砂糖の粒子が細かいものほど、少し絡みつく濃厚感を感じることができます。体温になじんだチョコレートはじんわりと溶けながら口全体に広がっていきます。

香りを感じる（嗅覚）

私たちが食べたり飲んだりする時に風味として感じているほとんどは、実は香りによるものだということをご存知でしょうか。風邪をひいて鼻がつまっている時に、食べ物が味気なく感じられるのもそのためです。

チョコレートには数百から千以上の香りの成分が含まれているといわれています。それらが織りなす香りの質と、持続性を感じてみてください。カカオはローストナッツやキャラメルのような芳しい香り、ジャスミンやオレンジの花のような華やかな香り、ベリーやシトラスのような、もしくはドライレーズンのようなフルーティーな香りなど、多種多様な香りを持っています。最初は感じる香りを他のものに例えて表現することは難しいでしょう。しかし、食べ慣れてくると徐々に言葉にできるようになるはずです。どのような香りが含まれているのか、その繊細なニュアンスを感じると、より愉しく、そして奥深さを知ることができるでしょう。チョコレートの香りを大きく分類したフレーバーホイール（137頁図参照）は香りの表現の参考になるかと思います。

さらに口に含んだあとのチョコレートの香りは時間と共に徐々に変化していきます。口に入れた瞬間にふわっとたつ香り、溶けながら広がる香り、さらにそれに続いてやってくる香り、そして食べたあとに口中にじんわりと残る香りなど、香りの移ろいもぜひ感じてみてください[三]。

フレーバーホイール

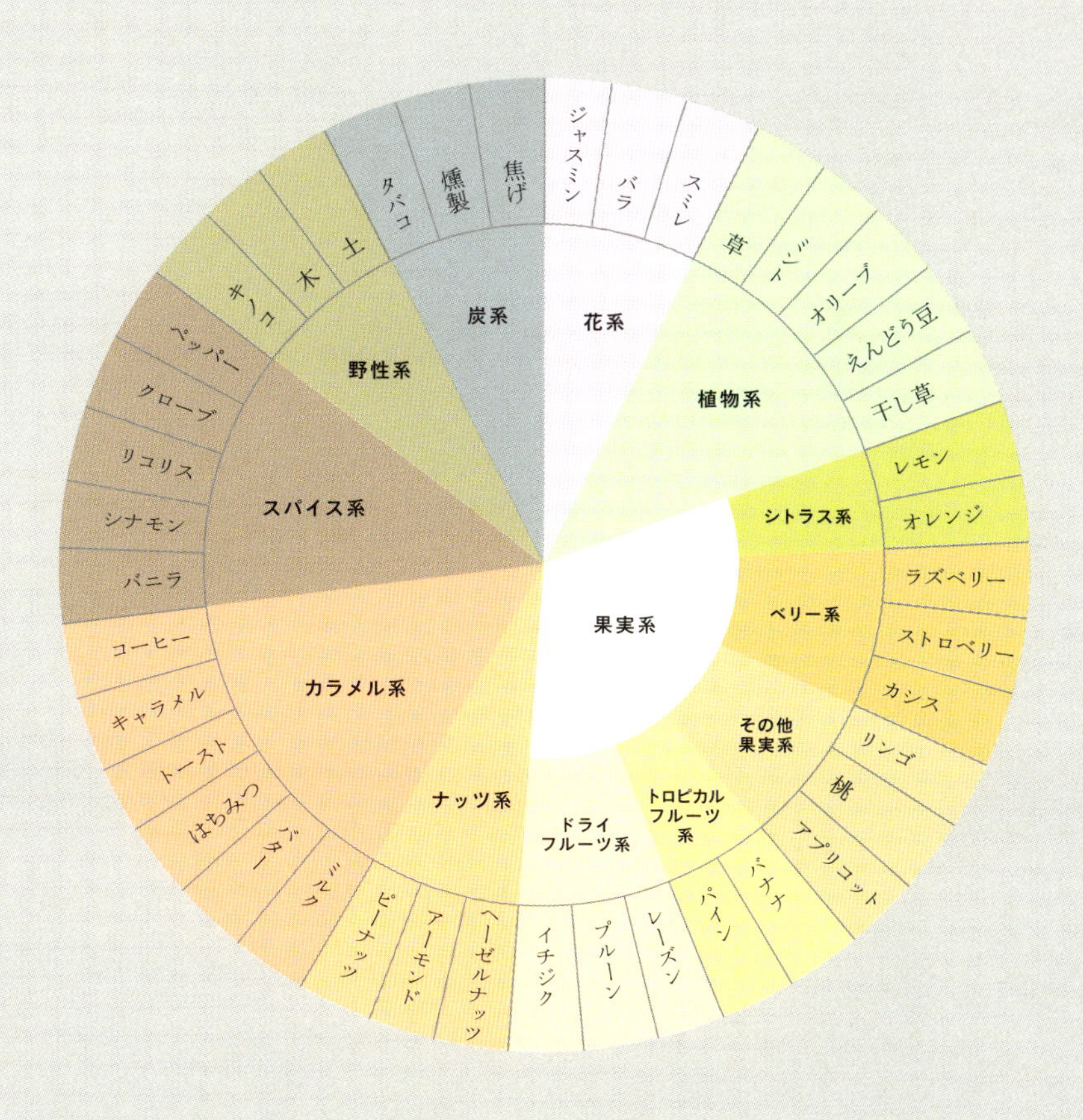

［三］最初に感じる香りをトップノート、中盤に現れる香りをミドルノート、終盤に感じる香りをラストノートという。

味わう（味覚）

人間には五種類の味覚が存在します。甘味、苦味、酸味、塩味、旨味がその五つで、これらは舌の上にある細胞が感知しています。チョコレートの風味の大部分は香りによるものですが、その根底にあるこれらの味覚も風味を構成する大きな要素です。

クリオロ性の強いチョコレートは穏やかな苦みを、フォラステロ性が強いと力強い苦みを感じるでしょう。また、果実であるカカオは、本来酸味を持っています。綺麗な酸味はフルーティーな香りを引きたて、味をシャープに引き締めてくれます。不快な酸が残っているチョコレートは、コンチング不足などが考えられ、あまりいい状態ではありません。良質な酸は決して悪いものではなく、味に品格がそなわります。カカオの発酵や焙煎の条件によっても味の出方は変わるため、多様なチョコレートが存在するのです。

甘味も嗜好性を大きく左右する要素です。使用している砂糖の量だけでなく、その種類によっても甘味の強度や現れ方が変わります。

それらの好み、バランスは皆さんのこれまでの生活環境や体調に依存して変わるでしょう。場面に応じてチョコレートをうまく使いわけられたら面白いですね。

飲み物と合わせて

チョコレートを仕事の合間などに口に含むことは、エネルギー補給になりますし、張りつめた緊張を解くこともできます。

忙しく仕事をしている方々にとっては、あらゆることを手短に効率よく行うことに重きが置かれがちです。ただ、しっかりと時間を取り、良質なチョコレートを好きな飲み物と一緒に丁寧に愉しむ、心に贅沢な時間をつくるのも、また心地よいものです。せわしなく流れる日常だからこそ、なんでも省略するのではなく、意識してそのような時間を設けることで、メリハリのある豊かな暮らしができるのではないかと私は考えています。

飲み物の中で一番チョコレートの香りを邪魔しないものは水です。純粋にチョコレートを愉しみたいという方には水で十分かもしれませんし、水を飲み、舌をリセットしながら少しずつチョコレートを愉しむのもよいでしょう。ただし、水はマイナスにもなりませんが、プラスにもなりません。その点、好きな飲み物をうまく合わせると、相乗効果でお互いの印象をさらに引きたて合うことができます。それが飲み合わせの魅力の一つなのです。

ゆっくりと腰かけ、チョコレートの香りとの調和を愉しむ至福の時間をつくってみてはいかがでしょうか。

組み合わせのコツ

チョコレートにうまく飲み物を合わせると、互いの風味が引きたち合い、一＋一が三にも四にもなってくれます。それが一緒に合わせることの魅力です。ただ、いい組み合わせを見つけることは意外と難しく、ちょっとしたコツが必要です。一つは「濃さを合わせる」こと、そしてもう一つが、「香りの質を合わせる」ことです。ようは、似た者同士を組み合わせることが肝心なのです。

一つ目の「濃さを合わせる」ことに関しては、チョコレートは多くの脂肪分を含んでいる重めの食べ物ですので、それに負けないくらい濃度が濃い、もしくは力強い飲み物が互いの特徴を引きたてるいい組み合わせとなります。例えば味や香りの強い珈琲や、しっかりとした風味・アルコール感を持つ甘めのワインや蒸留酒がそれにあたります。軽い味わいで、あっさりした飲み物は、チョコレートの濃厚さに負けてしまい、飲み物の繊細な風味が失われてしまいます。

二つ目の「香りを合わせる」ことに関しては、チョコレートにはたくさんの香り（ロースト感、ナッツ感、フルーティー感、フローラル感、ミルク感など）が含まれているのは前に述べたとおりですが、それぞれのチョコレートが持つ香りと同じような香りの特徴を持っている飲み物を合わせると、互いに香りが引きたち合います。似た香りがあると、その部分が同調して全体としてまとまりのある味わいになり、隠れていた風味をも引きだしてくれるのです。食後も口の中に心地よく、その調和した余韻が残ることでしょう。

食べ合わせる際は、チョコレートが口の中からなくなってから飲み物を口にするのがお勧めです。良質なチョコレートは食べたあとも香りの余韻が長く残ります。その余韻と飲み物を合わせることで、お互いがぶつからずに心地よい食べ合わせができるのです。冷たい飲み物はチョコレートの口どけを邪魔してしまうので、一緒に口にいれるのはお勧めしません。

これらのコツはあくまで参考程度にとどめてください。あまり堅苦しく考えて食べてもらうことは私の本意ではありませんし、美味しさというものは何も「味」や「理屈」だけが決めるものではありません。美味しいと感じるのは舌ではなく人間の脳です。味はもちろん美味しさの大きな要素ではありますが、どのような感情で食べるかということも、大きな要素となるのです。好きな場所で好きな飲み物、そして好きな人と食べることが美味しさの一番の秘訣なのです。

さて、ここでは私がお気に入りの組み合わせをいくつか紹介します。ぜひ皆さんも好きな飲み物とチョコレートの相性を試し、自分なりの心地よい組み合わせを見つけてみてください。

ワイン

チョコレートとワイン、言葉からもその時間の贅沢さがにじみでる組み合わせです。嬉しいことがあった日には、控えめな乾杯の音を鳴らし、チョコレートを合わせて淑やかな時間を楽しみたいものです。

　チョコレートに合わせるワインといえば、まずはポートワイン[四]でしょう。特にビターチョコレートとの組み合わせが最高です。赤のポートワインを口に含んで広がる濃縮された風味、甘みは、ビターチョコレートの苦み、香りと調和して濃厚な一体感を生みだします。特に鮮やかな酸味を持ったチョコレートであれば、ポートワインの果実感をいっそう引きたててくれるでしょう。他にもシェリー、マディラワイン、バニュルスなどの酒精強化ワイン[五]は、一般のワインよりも糖度が高く、その濃縮感のある甘みがチョコレートの重み、力強さを受け止めてくれるため、とても相性がいいワインです。

　一般のワインにおいても、チョコレートに合わせやすいのは、やはり甘口のワインです。ビターチョコレートには、渋みが調和する赤ワインはもちろん、甘口の白ワインもとても相性がいい組み合わせです。特に酸味が控えめで、華やかな香りを持つ白ワインは相性がよく、カカオとワインの明るいニュアンスが心地よく広がります。ただし、ワインが持つ強い酸味は浮いてしまい、バランスを崩してしまいますので、チョコレートと合わせる場合は酸味が穏やかなワインのほうがよいでしょう。また樽香など、独特の香りが強いワインは、その香りがカカオの香りに勝ってしまうため、同様に合わせにくい傾向にあります。

　ミルクチョコレートには甘口の赤ワインがおすすめです。ミルク分がカカオの雑味を覆い隠すのと同様に、赤ワインに含まれるタンニンの尖った渋みを和らげ、互いに調和した風味となります。

　また、ホワイトチョコレートとスパークリングワインは意外に相性がいい組み合わせです。ホワイトチョコレートの爽やかなミルクの風味がスパークリングワインの爽やかさと同調し、互いが引きたちあうのです。ただし、ここでもあまり酸味が尖ってないワインを選ぶことが肝心です。

[四] ポルトガル北部ポルト港から出荷される甘口の酒精強化ワイン。独特のコクと甘味を持ち、アルコール度数も二十℃前後と高く、食前酒、食後酒として飲まれることが多い。

[五] 醸造過程でアルコールを加えることでアルコール度数を高めたワイン。糖分からアルコールがつくられるアルコール発酵が止まるため、糖度も高くなる。

ウイスキー

しっとりとした一人の時間がよく似合うウイスキー。澄んだ琥珀色と豊かな香り、深い味わいを、一欠片のチョコレートとともに愉しむ時間はとても情緒的で落ち着きのある粋な時間です。

ウイスキーは力強い風味を持つため、チョコレートの濃厚感を受け止めることができ、特に相性がいい組み合わせです。ビターチョコレート、ミルクチョコレート、ホワイトチョコレートと、どのチョコレートにおいても組み合わせのよさがあります。

ウイスキーは香りの質で様々な組み合わせを愉しむことができますが、特にシングルモルトウイスキー[六]とビターチョコレートは掘れば掘るほど深くなるとても面白い組み合わせです。シングルモルトウイスキーは生産された土地の気候、風土、加工法により様々な個性を持つため、それらの香りとビターチョコの香りの質を合わせることで互いに香りの引きたちあった心地よい組み合わせとなるでしょう。

華やかなものなら華やかな香りを持つもの同士、同様にフルーティーなもの、スモーキーなものなど、同じ香りを合わせるとそれ以外の部分をも引きたたせることができるのです。また、ミルクチョコレート、ホワイトチョコレートはバランスの取れた滑らかな甘みを持つウイスキーと合わせることでいい組み合わせとなります。

お勧めなのがホットウイスキー。耐熱グラスにウイスキーを少量注ぎ、倍量~三倍くらいのお湯をゆっくり馴染ませるように注いで混ぜ合わせてつくります。ホットウイスキーの香ばしさ、甘さと、チョコレートの香りと心地よい口どけの調和を愉しむことができる、寒い季節にぴったりの組み合わせです。

ウイスキーに限らず、ラム酒、ブランデーなどの蒸留酒は同様にとても相性のいい組み合わせです。お好みの蒸留酒でチョコレートとの組み合わせを愉しんでみてください。

［六］
モルト（大麦麦芽）を原料に単一の蒸溜所のみでつくられるウイスキーのこと。

珈琲

凛とした時間にはやはり珈琲を愉しみたいもの。傍らにチョコレートを一欠片添えるだけで、さらに奥行きのある時間をつくることができるでしょう。

珈琲とチョコレートはともに似た歴史を辿ってきた嗜好品で、生産国も重なっています。また、どちらも果実の種子を焙煎して香りを醸す作物です。そのような共通点からも互いに通ずる香りが多く、非常に合わせやすい組み合わせです。どちらも香りが強いので、香りを打ち消しあってしまうこともありますが、組み合わせ方によっては至福の調和を奏でてくれることでしょう。

ビターチョコレートにはブラックの珈琲がよく合います。カカオの香りがダイレクトに感じられるビターチョコレートには、珈琲もシンプルに香りを合わせたいものです。ここでも似た香り同士を合わせるとなお相性がよくなります。例えば華やかな香りをもつチョコレートには、同じく華やかで、エキゾチックな香りを持つエチオピアの珈琲を、フルーティーなニュアンスを持ったチョコレートには綺麗な酸味を持ったケニア産の珈琲、ナッティ、クリーミーなチョコレートとバランスの取れたグアテマラの珈琲など、組み合わせ方も多種多様です。もちろん複雑な香りを持っているブレンド珈琲も、合わせるチョコレートによって様々な表情を見せてくれることでしょう。

珈琲は生産地以外にも焙煎度によって風味が変わります。焙煎を深くしたものほど繊細な香りや酸味が少なく、苦味、濃厚感があります。ワインと同様、強い酸味は浮いてしまいがちです。中深煎り以上の珈琲がお勧めです。

ミルクチョコレートとブラックの珈琲の組み合わせは一見相性がよさそうに思いますが、チョコレートの乳臭さが悪い意味で目立ってしまうことがあります。そのようなミルク感の強いチョコレートには、深煎りのインドネシア産のようなどっしりとした濃厚感と力強さがある珈琲や、カフェオレ、カフェラテなどのミルクをたっぷりと使用したアレンジ珈琲と合わせると相性が抜群です。

珈琲とチョコレートというと、珈琲の苦さをチョコレートの甘味で和らげるという印象を持つかもしれませんが、そのように食べ合わせてしまうのはもったいなく思います。どちらも豊かな香りを持つ嗜好品ですので、香りの調和とその余韻をお愉しみください。

ホットチョコレートのレシピ

固形チョコレートの独特の口どけは大きな魅力ではありますが、香りを愉しむという意味では「ホットチョコレート」もお勧めです。温めた牛乳に溶かしたとろみのあるホットチョコレートは、ホットココアとは一線を画す豊かなカカオの香りを感じることができます。寒い日の午後に飲む熱々のホットチョコレート、ちょっと空腹感があり、気持ちに余裕がない時に飲むホットチョコレート、夜一息つく時に飲むホットチョコレート。それらは雁字搦めになった気分を解きほぐし、穏やかな気持ちにさせてくれることでしょう。古いフランスの美食家ブリア・サヴァラン[七]の言葉を借りれば、美味なるチョコレートとは「甘いけれども、甘ったるくはなく、強いけれども苦くはなく、香りが高いけれども不自然ではなく、こってりとしていてべたつかない」もの。この言葉を心に留め、私もホットチョコレートの配合を開発してきました。彼は、チョコレートについて、他にも興味深い言葉を、著書『美味礼賛』(岩波書店)にて、次のように記しています。

入念に整えられたチョコレートは健康的かつ美味な食品であり、滋養があって消化もよい。コーヒーのように美しさをそこなう心配もなく、むしろ逆に薬になるくらいで、精神を緊張させる仕事、聖職者や弁護士の仕事に従事する者には最も適したものであり、特に旅行者にはよろしい。また、最も弱い胃にも適している。慢性病にはよい効果をもたらし、幽

門の障碍者には最後の食餌となる

チョコレートを常用する人たちは、いつも変わらぬ健康を楽しみ、人生の幸福を妨げるちょいちょいした病気にあまりかからない人たちであり、かれらの肥満もたいして進行はしない。チョコレートのこの二つの特徴は、社交界を見ればだれにも証明のできることで、チョコレートの常用者かどうかを聞いてごらんになれば、ことはすぐに判明するのである

彼はチョコレートを消化にいいとして、薬としても勧めています。薬剤師がチョコレートをつくっていた時代もあったくらいです。また、精神の緊張を必要とする仕事をする人には最適ということも納得です。私も気持ちを研ぎ澄ませたいときには珈琲を、行き過ぎた緊張を解きたいときにはチョコレートを自然と欲するようになっています。また、チョコレートを飲むと体形も維持できるというのも面白い見解です。健康にいいといっても、何事もバランスが大切。摂りすぎはよくありません。ただ、チョコレートを口にすることに罪悪感を持つ必要はないでしょう。美味しいホットチョコレートをうまく生活に取り入れ、精神的、そして肉体的にも豊かな生活の糧にしていただければと思っています。

せっかくですので、家庭で簡単にできるホットチョコレートのレシピをいくつかご紹介しましょう。

[七]
一七五五〜一八二六。フランスの法律家。化学、解剖学、生理学、天文学、考古学など様々な学問に通じた希代の食通として世に名を残している。

ホットチョコレート

濃厚でとろみのあるホットチョコレート。
シンプルかつ芳醇な香り高いドリンクです。

2杯分

・ビターチョコレート（お勧めはカカオ分70％）…60g
・牛乳…200cc

1 チョコレートを細かく刻む
2 ミルクパンで牛乳を沸騰直前まで軽くわかす
3 刻んだチョコレートを入れて泡立て器で滑らかになるまで混ぜ溶かす
4 均一に混ざったら器へ注ぐ

※油脂分が表面に浮くことがあります。気になる場合は灰汁のようにすくい取ってください。
※スターチを使うことで、とろみを増やし、脂肪の分離を抑えることができます。
※ミキサーを使用すれば分量のチョコレートとホットミルクを簡単に均一に混合することができます。
※茶筅、ミルクホイッパーなどを使用して泡立たせればより滑らかな口当たりのホットチョコレートとなります。

ラズベリーチョコレート

フルーティーで鮮やかな酸味と華やかな香りを持つラズベリーを使用した、明るく、綺麗な印象を持つホットチョコレート。オードヴィを合わせることで、キレと香りがさらに引きたって感じられます。

2杯分

・ビターチョコレート（お勧めはカカオ分70％）…60g
・牛乳…180cc
・フランボワーズオードヴィ…20cc
・ラズベリーピューレ…30cc
・生クリーム…15cc

1 ラズベリーピューレと生クリームを少し泡立たせるようにしっかり混ぜ合わせ、ラズベリークリームをつくる

2 フランボワーズオードヴィを入れたカップ（10cc／一人分）にホットチョコレート（150頁参照）を注ぐ

3 ラズベリークリームを注ぎ、表面をスプーンでならす

※オードヴィはホワイトブランデーを代用しても構いません。
※ラズベリーの他にも、オレンジやバナナなど、様々な果実との組み合わせをお愉しみください。

ラムチョコレート

芳醇なラムを加えたホットチョコレート。
味に奥行きが増し、
ほんのりとしたアルコールの刺激が
ホットチョコレートにキレを生みだします。

2杯分

- ビターチョコレート（お勧めはカカオ分70％）…60g
- 牛乳…200cc
- ダークラム30cc

1 ホットチョコレート（150頁参照）をつくる
2 カップにホットチョコレートを注ぐ
3 ダークラムを上から静かに注ぐ

※ラムをお好みで他の蒸留酒に代えても美味しく飲めます。
※お酒の量もお好みで調節してください。

チリチョコレート

スパイスを入れてエキゾチックな風味に
仕上げたホットチョコレート。
古代メソアメリカ時代のように
トウガラシを使用した体温まるドリンクです。

2杯分

- ビターチョコレート（お勧めはカカオ分70%）…60g
- 牛乳…200cc
- オールスパイス…適量
- トウガラシ…2本
- シナモンスティック…適量

1 トウガラシ、シナモンスティック、オールスパイスを牛乳で煮だす

2 細かく砕いたチョコレートを入れ、泡立て器で滑らかになるまで溶かす

3 茶こしでこしながら器に注ぐ

※他にもお好みのスパイスをお試しください。

カカオの産地や品種、加工法によって風味が多様に変化する奥深い嗜好品であるチョコレート。一見煌びやかなチョコレートの奥には農民の土にまみれた手仕事、そしてつくり手の人間くさい努力と苦労があります。しかし、カカオに造詣が深い専門家と消費者の接点が非常に少ないことで、ワイン、日本酒、珈琲といった他の嗜好品と比べても、チョコレートの情報は広まりにくいのが現状です。若輩者の私が、図々しくもこうしてカカオとチョコレートについて、書籍という形でまとめさせていただいたのも、ひとえに皆さんにチョコレートの深い魅力とその上流に広がる世界を伝えたい一心からでした。

私はもともと珈琲の道に進むことしか考えておらず、チョコレートは好きな菓子のひとつにすぎませんでした。そんな中、カカオの産地や加工法によってチョコレートの風味が異なること、焙煎して香りがつくられることなど、それまで学んでいた珈琲との共通点を知るきっかけがあり、チョコレートに興味を持つようになりました。その後、人に幸福感を与え得るチョコレートに深い魅力を感じ、チョコレートづくりを通して人々の豊かな暮らしに貢献できればという思いが強くなり、カカオの仕入れから一貫してチョコレートをつくっているメーカーの門を叩くこととなりました。有り難いことにカカオの研究、チョコレートの開発の仕事を任せていただけるようになり、それから朝から晩までカカオとチョコレートと向き合う日々が始まりました。そして、その仕事を通してチョコレートの奥深さを、さらに身を持って感じていくことになりました。

大手メーカーのチョコレートというと、大量生産の無機質な安いチョコレートというイメージがあるかもしれません。しかし、そこには何十年にもわたって研究された知見と技術、ノウハウがあります。そして何より、チョコレートづくりの現場には、技術者たちの誇りと、たくさんの方々に笑顔を届けたいという開発者の使命感と強い想いがつまっていました。そんな職場で仕事ができた幸せ、美味なるチョコレートをつくるために、思う存分チョコレートを掘り下げることができたのは、私にとってとても貴重な時間でした。本書では、長年学び、感じ、経験してきたものを含め、乱文乱筆でお見苦しいとは思いますが、私の等身大の言葉で綴らせていただきました。

戦後、日本人の食生活は世界に例を見ないほど急速に欧米化し、今ではあらゆる欧米の食のスタイルが日本でも根付き始めています。私もその恩恵を受けて育った一人ですが、何もかもが欧米にそまっていくことに対する寂しさ、空しさも感じています。「食」に関しても同様ですが、欧米の食文化のよいところを吸収し、日本人が長い年月で培ってきた食に対する精神性、感性、奥ゆかしさなどの大切な部分を守っていくことで、より我々らしい豊かさを享受できるのではないかと思っています。それはチョコレートでも同じことでしょう。古代中米の人々が丁寧に時間をかけてつくっていたチョコラトルを西洋人は甘い嗜好品に変化させました。それが人々にとって身近な存在になってから、まだ百年余り。中国から入った茶を日本人が独自の茶の文化として昇華させたというのは極端な例かもしれませんが、西洋経由でもたらされたチョコレートを、それが「本物」「正解」とそのまま受け入れるのではなく、日本人らしいつくり方や愉しみ方の提案ができればと思っています。また、自然の恵みに感謝し、素材をシンプルに味わう日本人らしいチョコレートを育んでいきたいとも思っています。

私は今、自分らしいチョコレートの表現を深めたいという探究心、カカオとチョコレートの魅力を直接お客様に伝えたい気持ち、そして、顔の見えるお客様に対して、チョコレートを通して小さな幸福感を提供したいという想いから、メーカーを退社し、独立して次の段階へと歩みを進めている最中です。自分にとっても転機となったこのタイミングに、書籍として皆さんにチョコレートについてお伝えできることを、とても嬉しく思っております。

最後に、本の出版にあたり、これまでチョコレートのいろはを叩き込んで下さった株式会社ロッテ、チョコレート担当の皆さま、チョコレートの魅力を伝えるためにともに旅をした写真家の鈴木静華氏と担当編集の益田光氏、デッサンを担当していただいた彫刻家の土屋裕介氏、私の身分不相応なこだわりにも丁寧に耳を傾け、心地よい装丁をしてくださったデザイナーの芝晶子氏、そして、いつも応援をしてくれる家族、先輩、友人の皆さんに、心より感謝いたします。

平成二十七年十二月五日　　蕪木祐介

参考文献

『お菓子「こつ」の科学』河田昌子（2008／28版／柴田書店）
『お菓子読本』明治製菓株式会社（1977／明治製菓株式会社）
『カカオとチョコレートのサイエンス・ロマン――神の食べ物の不思議』佐藤清隆、古谷野哲夫（2011／幸書房）
『ガーナ――混乱と希望の国』高根務（2003／アジア経済研究所）
『チョコレート――甘美な宝石の光と影』モート・ローゼンブラム、小梨直＝訳（2005／河出書房新社）
『チョコレート工場の秘密』ロアルド・ダール、田村隆一＝訳（1972／評論社）
『チョコレート・ココア製造の理論と実際』中西喜次（1965／光琳）
『チョコレートの科学』ステファン・ベケット、古谷野哲夫＝訳（2007／光琳）
『チョコレートの世界史』武田尚子（2010／中央公論新社）
『チョコレートの文化誌』八杉佳穂（2004／世界思想社）
『チョコレート百科』森永製菓広報委員会（1985／東洋経済新報社）
『チョコレートを滅ぼしてたカビ・キノコの話』ニコラス・マネー、小川真＝訳（2008／築地書館）
『東西喫茶文化論』増淵宗一（1999／淡交社）
『美味礼讃』ブリア・サヴァラン、関根秀雄・戸部松実＝訳（1967／岩波書店）
『モカに始まり』森光宗男（2012／手の間文庫）

Marcia Morton and Frederic Morton *CHOCOLTE*
USA: Crown publishers, Inc., 1986

Clay Gordon *DISCOVER Chocolate*
USA: Gotham Books, 2007

Steve Beckett *Industrial Chocolate Manufacture and Use*
Oxford: 3rd ed., Blackwell Science, 1999

Anton Azpiazu *The bitterness of cacao and the magic of chocolate in Oñati*
Guatemala: Gertu Inprimategia, 2007

Maricel E. Presilla *The New Taste of Chocolate: A Cultural & Natural History of Cacao with Recipes*
USA: Ten Speed Press, 2009

Sophie D. Coe and Michael D. Coe *The True History of Chocolate*
London: 3rd ed., Thames & Hudson, 2013

蕪木祐介

チョコレート技師、珈琲焙煎士。

福島県生まれ。東京・台東区、チョコレート・珈琲店《蕪木》店主。

大手チョコレートメーカーにて、技術者としてカカオ・チョコレートに関する製品開発、研究などの仕事を手掛けた後、2016年、台東区にて《蕪木》を開業。チョコレートの製造、レシピ開発、カカオ栽培地での指導などを行っている。

チョコレートの手引

二〇一六年二月二日　初版第一刷発行
二〇二二年二月二二日　第三刷発行

著者　蕪木祐介
発行者　安在美佐緒
発行所　雷鳥社
〒一六七―〇〇四三
東京都杉並区上荻二―四―一二
電話――〇三―五三〇三―九七六六
ファックス――〇三―五三〇三―九五六七
メール――info@raichosha.co.jp
ホームページ――http://www.raichosha.co.jp
郵便振替――〇〇一一〇―九―九七〇八六

イラスト　土屋裕介／本文、古石紫織／帯
写真　蕪木祐介、鈴木静華／44・58・64〜66・85・142〜158頁
デザイン　芝 晶子（文京図案室）
印刷・製本　シナノ印刷株式会社
編集　益田 光

ISBN 978-4-8441-3675-0 C0077